焊工初级技能

主　编　孙玉明　周　元

金盾出版社

内 容 提 要

本书依据《焊工国家职业技能标准》编写，内容包括职业道德与安全生产、焊条、焊接接头与焊缝符号、焊条电弧焊设备、焊条电弧焊、气焊与气割、二氧化碳气体保护焊、手工钨极氩弧焊、炭弧气刨、熔焊焊缝外观检查及返修，书后还附录了焊工初级理论知识模拟试卷和焊工国家职业技能标准（节选）。

本书突出操作技能训练，具有针对性、典型性和实用性，适用于焊工自学，也可作为培训机构、职业院校的教学用书。

图书在版编目（CIP）数据

焊工初级技能/孙玉明，周元主编．—北京：金盾出版社，2016.5(2018.7重印)

ISBN 978-7-5186-0574-3

Ⅰ.①焊…　Ⅱ.①孙…②周…　Ⅲ.①焊接　Ⅳ.①TG4

中国版本图书馆CIP数据核字(2015)第251673号

金盾出版社出版、总发行

北京市太平路5号(地铁万寿路站往南)

邮政编码：100036　电话：68214039　83219215

传真：68276683　网址：www.jdcbs.cn

北京军迪印刷有限责任公司印刷、装订

各地新华书店经销

开本：705×1000 1/16　印张：10.75　字数：205千字

2018年7月第1版第3次印刷

印数：6 001～9 000册　定价：35.00元

前　言

焊接是现代工业生产中不可缺少的重要加工工艺，在机械、冶金、电力、建筑、造船、汽车、电子、锅炉压力容器、航空航天等许多行业都广泛应用，随着“一带一路”的不断深入和科学技术的发展，焊接技术的提高越来越受到各行各业的密切关注。众所周知，焊接工人的操作技能水平对保证焊接产品质量、降低物质消耗、提高经济效益、增添市场竞争力，无疑是决定因素之一。

在焊工从业人员中推行职业技能鉴定和职业资格证书制度，是落实国家人才发展战略目标、促进农村劳动力转移、全面推进科技振兴计划和高技能人才培养的重要工程，严格按照《焊工国家职业技能标准》对焊工进行焊接理论知识考核和操作技能鉴定，是保证建设工程质量和生产安全的重要措施。

焊工初级技能是焊接从业者最基本的操作技能，本书是为准备取得焊工证书的初级焊工而编写，内容依据《焊工国家职业标准(2009年修订)》初级焊工的知识要求和技能要求，按照岗位培训需要的原则，以焊接操作技能的传授和动手能力的培养为核心，突出操作技能的训练，具有针对性、典型性和实用性，并附有理论考试模拟试卷和焊工国家职业技能标准等内容，帮助读者顺利通过焊接理论知识考试和操作技能鉴定。

本书由江苏省靖江中等专业学校孙玉明、周元老师主编，参与编写的人员还有潘云、范红彬、刘网华、吴爱武、苏剑宏、张亚云、徐刚、徐浩宇。本书在编写过程中得到了江苏新扬子造船有限公司等企业的大力支持，在此一并表示感谢。

由于编者水平有限，加之时间仓促，疏误漏之处在所难免，敬请各位专家和读者批评指正。

编　者

目　录

1　职业道德与安全生产 …… 1
1.1　焊工职业道德 …… 1
1.1.1　职业道德的基本概念 …… 1
1.1.2　职业道德的意义 …… 1
1.1.3　焊工职业守则 …… 1
1.2　焊接劳动保护 …… 2
1.2.1　通风防护措施 …… 2
1.2.2　个人防护措施 …… 4
1.2.3　电焊弧光的防护 …… 7
1.2.4　电弧灼伤的防护 …… 7
1.2.5　高温热辐射的防护 …… 7
1.2.6　有害气体的防护 …… 8
1.2.7　机械性外伤的防护 …… 8
1.2.8　触电防护措施 …… 8
1.3　焊接生产安全检查 …… 10
2　焊条 …… 13
2.1　焊条的组成及其作用 …… 13
2.1.1　焊芯 …… 13
2.1.2　药皮 …… 14
2.2　焊条的分类及型号和牌号 …… 15
2.2.1　按熔渣的酸碱度分类 …… 15
2.2.2　按焊条药皮的主要成分分类 …… 17
2.2.3　按焊条的用途分类 …… 18
2.2.4　焊条型号 …… 19
2.2.5　焊条牌号 …… 20
2.3　碳钢焊条的选用、使用及保管 …… 20
3　焊接接头及焊缝符号 …… 23
3.1　焊接接头的基本类型及坡口形式 …… 23
3.1.1　焊接接头的类型 …… 23
3.1.2　焊接坡口 …… 26

3.2 焊接位置与焊缝符号 …… 28
3.2.1 焊接位置 …… 28
3.2.2 焊缝的形状尺寸 …… 29
3.2.3 焊缝符号与焊接方法代号 …… 30
4 焊条电弧焊设备 …… 39
4.1 焊条电弧焊电源 …… 39
4.1.1 弧焊电源的外特性 …… 39
4.1.2 弧焊电源的基本要求 …… 39
4.1.3 焊条电弧焊电源种类及型号 …… 40
4.1.4 焊条电弧焊电源的铭牌 …… 43
4.2 焊条电弧焊设备的选择及使用 …… 44
4.2.1 焊条电弧焊电源的选用原则 …… 44
4.2.2 焊条电弧焊电源的调节及使用 …… 45
4.2.3 焊接辅助设备 …… 49
5 焊条电弧焊 …… 51
5.1 焊接电弧 …… 51
5.1.1 焊条电弧焊的焊接过程 …… 51
5.1.2 焊条电弧焊的工艺特点 …… 51
5.1.3 焊接电弧的构造和温度 …… 52
5.1.4 焊接电弧的静特性 …… 52
5.1.5 焊接电弧的稳定性 …… 53
5.2 焊接参数 …… 54
5.2.1 焊接电源的选择 …… 54
5.2.2 焊接极性的选择 …… 54
5.2.3 焊条直径的选择 …… 55
5.2.4 焊接电流的选择 …… 56
5.2.5 电弧电压的选择 …… 56
5.2.6 焊接层数的选择 …… 57
5.2.7 焊接热输入 …… 57
5.3 焊条电弧焊操作技能 …… 57
5.3.1 焊条电弧焊基本操作技能 …… 57
5.3.2 厚度$\delta \geq$6mm的低碳钢板或低合金钢板对接平焊(I形坡口) …… 63
5.3.3 厚度$\delta =$8～12mm低碳钢板或低合金钢板对接平焊(V形坡口) …… 64
5.3.4 厚度$\delta =$8～12mm低碳钢板或低合金钢板角接接头或T形

接头焊接 …… 66
5.3.5 管径 $\phi \geq 60$mm 的低碳钢管水平转动对接焊 …… 66
6 气焊与气割 …… 69
6.1 气焊及设备 …… 69
6.1.1 气焊原理 …… 69
6.1.2 气焊的特点及应用 …… 69
6.1.3 气焊设备 …… 69
6.2 气焊工艺与焊接规范 …… 74
6.2.1 气焊火焰 …… 74
6.2.2 气焊工艺 …… 75
6.3 气焊操作技能 …… 76
6.3.1 气焊基本操作技能 …… 76
6.3.2 管径 $\phi < 60$mm 的低碳钢管对接水平转动气焊 …… 78
6.3.3 管径 $\phi < 60$mm 的低碳钢管对接垂直固定气焊 …… 79
6.4 气割 …… 81
6.4.1 气割的原理及应用特点 …… 81
6.4.2 气割设备 …… 82
6.4.3 气割过程 …… 83
6.4.4 气割参数 …… 83
6.5 气割的基本操作技能 …… 84
6.5.1 气割前的准备 …… 84
6.5.2 气割操作要点 …… 84
6.5.3 手工气割操作过程 …… 85
7 二氧化碳(CO_2)气体保护焊 …… 87
7.1 CO_2 气体保护焊基本知识 …… 87
7.1.1 CO_2气体保护焊的特点 …… 87
7.1.2 焊接材料 …… 88
7.1.3 焊接参数及选择 …… 89
7.1.4 CO_2气体保护焊的危害与安全操作规程 …… 91
7.2 CO_2气体保护焊设备的使用及维护 …… 92
7.2.1 设备的组成 …… 92
7.2.2 设备的安装调试 …… 93
7.2.3 焊接设备的维护及故障排除 …… 94
7.3 CO_2气体保护焊操作技能 …… 95
7.3.1 CO_2 气体保护焊基本操作技能 …… 95

7.3.2 低碳钢板或低合金钢板对接 CO_2 气体保护平位焊 …… 98
7.3.3 低碳钢板或低合金钢板的角接和T形接头熔化极气体保护焊 …… 100
8 手工钨极氩弧焊 …… 102
8.1 钨极氩弧焊基本知识 …… 102
8.1.1 钨极氩弧焊的基本原理及特点 …… 102
8.1.2 钨极氩弧焊的焊接材料 …… 103
8.1.3 焊接参数及其对焊接质量的影响 …… 105
8.1.4 钨极氩弧焊的危害与防护 …… 107
8.2 钨极氩弧焊设备的使用与维护 …… 108
8.2.1 设备的组成 …… 108
8.2.2 钨极氩弧焊设备的维护和故障排除 …… 110
8.3 手工钨极氩弧焊操作技能 …… 112
8.3.1 手工钨极氩弧焊基本操作 …… 112
8.3.2 厚度 $\delta \leqslant 6mm$ 的低碳钢或不锈钢板V形坡口平位对接手工钨极氩弧焊 …… 115
8.3.3 厚度 $\delta < 6mm$ 的低碳钢或不锈钢板T形接头手工钨极氩弧焊 …… 117
8.3.4 管径 $\phi \leqslant 60mm$ 的低碳钢管对接水平转动手工钨极氩弧焊 …… 119
9 炭弧气刨 …… 122
9.1 炭弧气刨基础知识 …… 122
9.1.1 炭弧气刨的特点 …… 122
9.1.2 炭弧气刨的应用 …… 123
9.2 炭弧气刨设备使用及维护 …… 123
9.2.1 炭弧气刨电源 …… 123
9.2.2 炭弧气刨枪 …… 124
9.2.3 炭弧气刨用炭棒 …… 125
9.2.4 送气软管 …… 126
9.3 炭弧气刨工艺 …… 127
9.3.1 炭弧气刨工艺规范 …… 127
9.3.2 炭弧气刨基本操作技能 …… 128
9.3.3 炭弧气刨安全操作规程 …… 131
10 熔焊焊缝外观检查及返修 …… 132
10.1 焊接检验的内容 …… 132
10.1.1 焊前检验 …… 132

10.1.2 焊接过程中的检验 …… 132
10.1.3 焊后检验 …… 133
10.2 焊接缺陷的产生原因及防止措施 …… 133
10.2.1 气孔缺陷 …… 133
10.2.2 咬边缺陷 …… 134
10.2.3 夹渣缺陷 …… 134
10.2.4 未焊透缺陷 …… 135
10.2.5 裂纹缺陷 …… 135
10.2.6 变形缺陷 …… 136
10.2.7 其他焊接缺陷 …… 136
10.3 焊接缺陷的返修要求和方法 …… 138
10.3.1 返修要求 …… 138
10.3.2 返修方法 …… 139
附录 1 …… 140
焊工初级理论知识模拟试卷 …… 140
焊工初级理论知识模拟试卷答案 …… 149
附录 2 …… 150
焊工国家职业技能标准(节选) …… 150
参考文献 …… 159

1 职业道德与安全生产

1.1 焊工职业道德

1.1.1 职业道德的基本概念

职业道德是社会道德要求在全社会各行各业的职业行为和职业关系中的具体体现,也是整个社会道德生活的重要组成部分。它是从事一定职业的个人,在工作和劳动的过程中,所应遵循的、与其职业活动紧密联系的道德原则和规范的总和。它既是对本职业人员在职业活动中的行为要求,又是本职业应该对全社会所承担的道德责任与义务。由于人们在工作中各自职业的不同,便有了在职业活动中所形成的特殊的职业关系、特殊的职业活动范围与方式、特殊的职业利益、特殊的职业义务,因此,也就形成了特殊的职业行为规范和道德要求。

职业道德是人们在履行本职工作的时候,从思想到行动中应该遵守的准则和对社会应该承担的责任和义务。焊工的职业道德是指从事焊工职业的人员,在完成焊接工作及相关各项工作的过程中,从思想到工作行为所必须遵守的道德规范和行为准则。

1.1.2 职业道德的意义

①有利于推动社会主义物质文明和精神文明建设。社会主义职业道德是社会主义精神文明建设的一个重要突破口,社会主义精神文明建设的核心内容是思想道德建设。它要求从事职业活动的人们在遵纪守法的同时,还要自觉遵守职业道德,规范从事职业活动的行为,在推动社会物质文明建设的同时,提高人们的思想境界,创造良好的社会秩序,树立良好的社会道德风尚。

②有利于企业的自身建设和发展。企业职业道德水平的提高,可以直接促进企业的自身建设和发展,因为一个企业的信誉要靠本企业员工的职业道德来维护。企业员工的职业道德水平越高,这个企业就越能获得社会的信任。

③有利于个人素质的提高和发展。社会主义职业道德的本质,就是要求劳动者树立社会主义劳动态度,实行按劳取酬。劳动既是为社会服务,也是个人谋生的手段。每个员工只有树立起良好的职业道德,安心本职工作,不断地钻研业务,才能在市场经济条件下实现高素质的劳动力流向高效率的企业。只有树立良好的职业道德,不断提高自身职业技能,才能在劳动力市场供大于求、在优胜劣汰的竞争机制下立于不败之地。

1.1.3 焊工职业守则

①遵守国家政策、法律和法规,遵守企业的有关规章制度。

②爱岗敬业，忠于职守，认真、自觉地履行各项职责。

③工作认真负责，吃苦耐劳，严于律己。

④刻苦钻研业务，认真学习专业知识，重视岗位技能训练，努力提高自身素质。

⑤谦虚谨慎，团结合作，主动配合工作。

⑥严格执行焊接工艺文件和岗位规章，重视安全生产，保证产品质量。

⑦坚持文明生产，创造一个清洁、文明、适宜的工作环境，塑造良好的企业形象。

1.2　焊接劳动保护

生产过程中的劳动保护，就是要把生产者同生产中的危险因素和有毒因素隔离开来，创造安全、卫生和舒适的劳动环境，以确保生产过程的安全也即安全生产。焊接安全生产包括两个方面的内容：一是要预防工伤事故的发生，即预防触电、火灾、爆炸、金属飞溅和机械伤害等事故；二是要预防职业病的危害，即防尘、防毒、防射线和防噪声等。

1.2.1　通风防护措施

焊接生产过程中只要采取完善的防护措施，就能保证焊工只会吸入微量的烟尘和有毒气体。这些微量的烟尘和有毒气体通过人体的解毒和排泄作用，就能把毒害减小到最低程度，从而避免焊接烟尘和有毒气体对人体的危害。

通风防护措施是消除焊接粉尘和有毒气体、改善劳动条件的有力措施，可分为全面通风和局部通风。由于全面通风费用高，不能立即降低局部区域的烟雾浓度，且排烟效果不理想，因此除大型焊接车间外，一般情况下多采用局部通风措施。

通风防护一般采用机械设备进行，即利用通风机械送风和排风进行换气与排毒。焊接所采用的机械排气通风措施，以局部机械排气措施应用最广泛，使用效果好、方便、设备费用较少。

局部机械排气装置有固定式、移动式和随机式三种。

1. 固定式通风装置

①全面机械通风。在专门的焊接车间或焊接量大、焊机集中的工作地点，应考虑全面机械通风，可集中安装数台轴流式风机向外排风，使车间内经常更换新鲜空气。

全面机械通风排烟的方式主要有三种，见表1-1。

②局部通风。局部通风分为送风和排气两种。局部送风只是暂时地将焊接区域附近作业地带的有害物质吹走，虽对作业地带的空气起到一定的稀释作用，

表 1-1 全面机械通风排烟方式

通风方式	上抽排烟	下抽排烟	横向排烟
简图			
说明	对作业空间仍有污染，适用于新建车间	对作业空间污染最小，但需考虑采暖问题。适用于新车间	对作业空间仍有污染，适用于老厂房改造

但可能污染整个车间，起不到排除粉尘与有毒气体的目的。局部排气是目前采用的通风措施中使用效果较好、灵活方便，设备费用较少的有效措施。局部排气的形式如图 1-1 所示。

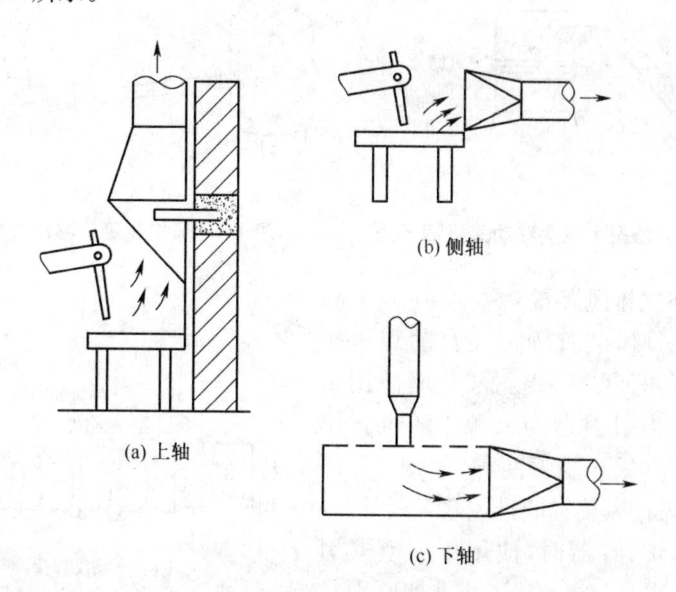

(a) 上轴　(b) 侧轴　(c) 下轴

图 1-1 固定式局部排气形式

固定式排气适用于焊接地点固定、工件较小的情况。设置这种通风装置时，应符合以下要求：使排气途径合理，即有毒气体、粉尘等不经过操作者的呼吸地带，排出口的风速以 1m/s 为宜；风量应该自行调节；排出管的出口高度必须高出作业厂房顶部 1～2m。

2. 移动式排风装置

移动式排风装置具有可根据焊接地点、位置的需要随意移动的特点，因而在密闭船舱、化工容器和管道内施焊，或在大作业厂房非定点焊接作业时，应采用移动式排风装置。使用这种装置时，应将吸头置于电弧附近，开动风机即能有效地把烟尘和毒气吸走。

移动式排风装置的排烟系统由小型离心风机、通风软管、过滤器和排烟罩组成。目前，应用较多、使用效果较好的有净化器固定吸头移动排风装置、风机及吸头移动排风装置和轴流风机移动排风装置。

净化器固定吸头移动式排风装置的排烟系统，如图 1-2 所示。这种排风装置用于大作业厂房非定点施焊比较适宜。吸风头可随焊接操作地点移动。风机及吸头移动式排风装置，可通过调节吸风头与焊接电弧的距离从而改变抽风效果，其排烟系统如图 1-3 所示。轴流风机移动排风装置，如图 1-4 所示，这种装置带有活动支撑脚，移动方便省力。

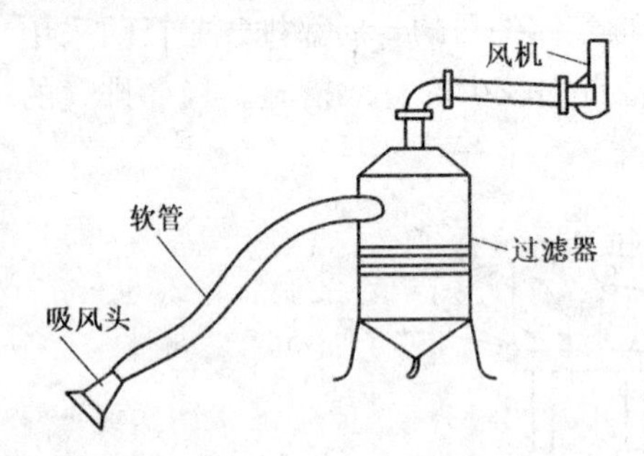

图 1-2　净化器固定吸头移动式排烟系统

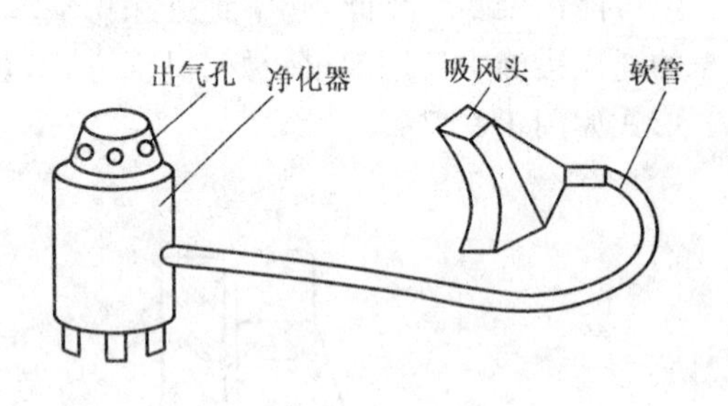

图 1-3　风机及吸头移动式排烟系统

3. 随机式排风装置

随机式排风装置固定在自动焊机头上或其附近，排风效果显著，一般使用微型风机或气力引射器为风源。随机式排风装置又分近弧和隐弧两种，如图 1-5 所示，其中隐弧排风装置的排风效果最佳。

焊接锅炉、容器时，使用压缩空气引射器也可获得良好的效果，其排烟原理是利用压缩空气从压缩空气管中高速喷射，在引射室造成负压，从而将有毒烟尘吸出，如图 1-6 所示。

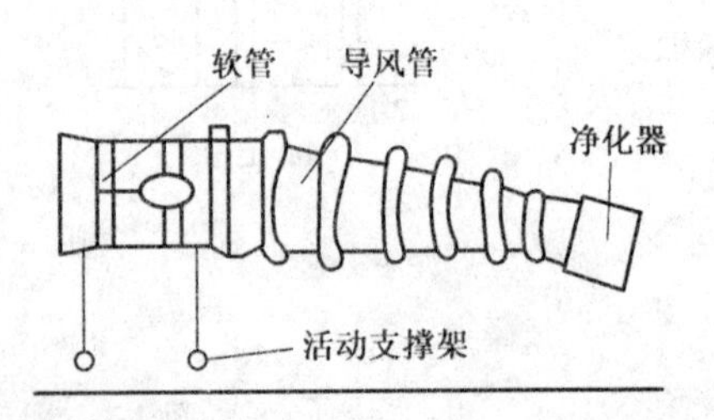

图 1-4　轴流风机移动排风装置

1.2.2　个人防护措施

当作业环境良好时，如果忽视个人防护，人体仍有受害危险，若在密闭容器内

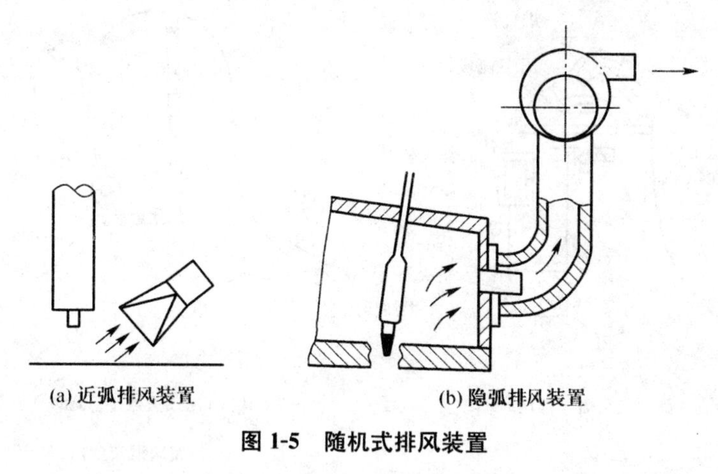

图 1-5 随机式排风装置

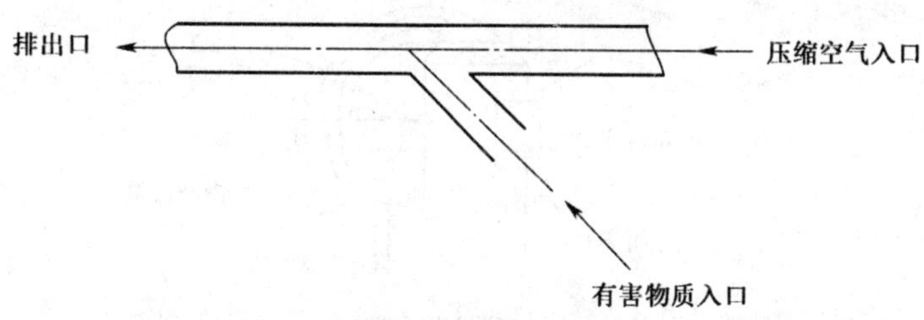

图 1-6 引射器示意图

作业时危害更大，因此，加强个人的防护措施至关重要。一般个人防护措施除穿戴好工作服、鞋、帽、手套、眼镜、口罩、面罩等防护用品外，必要时可采用送风盔式面罩(图 1-7)及防护口罩(图 1-8)。

1. 预防烟尘和有毒气体

当在容器内焊接，特别是采用氩弧焊、二氧化碳气体保护焊，或焊接有色金属时，除加强通风外，还应戴好通风焊帽。使用时要用经过处理的压缩空气供气，切不可用氧气，以免发生燃烧事故。

2. 电弧辐射的防护

我们已经知道，电弧辐射中含有的红外线、紫外线及强可见光对人体健康有着不同程度的影响，因而在操作过程中，必须采取以下防护措施：工作时必须穿好工作服(以白色工作服最佳)，戴好工作帽、手套、脚盖和面罩；在辐射强烈的作业场所如氩弧焊时，应穿耐酸呢或丝绸工作服，并戴好通风焊帽；在高温条件下焊接作业时应穿石棉工作服及石棉作业鞋等；工作地点周围应尽可能放置屏蔽板，以免弧光伤害他人。

3. 高频电磁场及射线的防护

氩弧焊用高频引弧时，会产生高频电磁场。防护时可在焊枪的焊接电缆线外套一根铜丝软管进行屏蔽。连接时将外层绝缘的铜丝编制软管一端接在焊枪上，

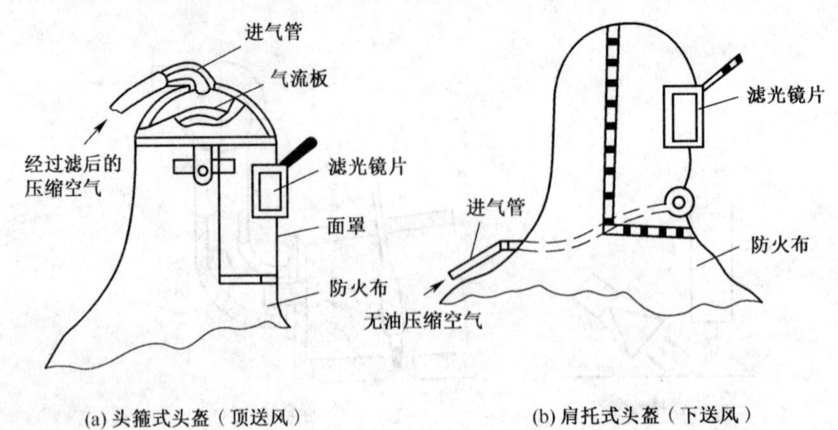

图 1-7 送风盔式面罩

另一端接地，同时应在操作台附近的地面上垫上绝缘橡胶垫。

钨极氩弧焊若采用钍钨棒作电极时，钍具有微量放射性，在一般的规范操作和短时间操作的情况下，对人体无多大危害。但在密闭容器内焊接或选用较强的焊接电流情况下，以及在磨尖钍钨棒的操作过程中，钍对人体的危害就比较大。除加强通风和穿戴好防护用品，戴好通风焊帽外，焊工还应有相应的保健待遇。采用钨极氩弧焊时，最好采用无放射性危害的铈钨棒来代替钍钨棒作电极。

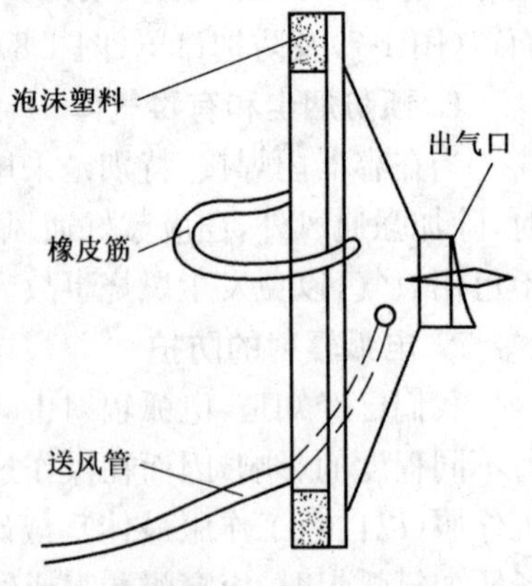

图 1-8 防护口罩

4. 噪声的防护

长时间处于噪声环境下工作的焊工应戴上护耳器，以减小噪声对人体的危害。护耳器有隔音耳罩、隔音耳塞等。耳罩虽然隔音效能优于耳塞，但体积较大，戴用稍有不便。耳塞种类很多，常用的耳研 5 型橡胶耳塞，具有携带方便、经济耐用、隔音较好等优点。该耳塞的隔音效能低频为 10～15dB，中频为 20～30dB，高频为 30～40dB。

1.2.3 电焊弧光的防护

①电焊工在施焊时,电焊机两极之间的电弧放电会产生强烈的弧光,这种弧光能够伤害电焊工的眼睛,造成电光性眼炎。为了预防电光性眼炎,电焊工应使用符合劳动保护要求的面罩。面罩上的电焊护目遮光镜片,应根据焊接电流的强度来选用,具体选用要求见表 1-2。

表 1-2 焊工护目遮光镜片选用表

焊接切割种类	镜片遮光号			
	焊接电流/A			
	≤30	30~75	75~200	200~400
电弧焊	5~6	7~8	8~10	11~12
炭弧气刨			10~11	12~14
焊接辅助工	3~4			

②为了保护焊接工地其他人员的眼睛,一般在小件焊接的固定场所和有条件的焊接工地都要设立不透光的防护屏,屏底距地面应留有不大于 300mm 的间隙,屏高大于 2m。

③合理组织劳动和作业布局,以免作业区过于拥挤。

④注意眼睛的适当休息。焊接作业时间较长时应注意中间休息。如果已经出现电光性眼炎,应及时到医务部门治疗。

1.2.4 电弧灼伤的防护

①焊工在施焊时必须穿好工作服,戴好电焊用手套和脚盖,防止电焊飞溅物灼伤皮肤。绝对不允许卷起袖口、穿短袖衣服以及敞开衣襟等进行电焊作业。

②电焊工在施焊过程中更换焊条时,严禁乱扔焊条头,以免灼伤别人和引起火灾事故。

③为防止操作开关和闸刀发生电弧灼伤,合闸时应将焊钳挂起来或放在绝缘板上;拉闸时必须先停止焊接作业。

④在焊接预热焊件时,预热好的部分应用石棉板盖住,只露出焊接部分进行操作。

⑤仰焊时金属飞溅严重,应加强防护,以免发生灼伤事故。

1.2.5 高温热辐射的防护

①电弧是高温强辐射热源,焊接电弧可产生 3000℃以上的高温,手工焊接时电弧总热量的 20%左右散发在周围空间。电弧产生的强光和红外线会造成对焊工的强烈热辐射。红外线虽不能直接加热空气,但在被物体吸收后,辐射能转变为热能,使物体成为二次辐射热源。因此,焊接电弧是高温强辐射的热源。

②通风降温措施。焊接工作场所加强通风设施(机械通风或自然通风)是防暑降温的重要技术措施,尤其是在锅炉等容器或狭小的舱间进行作业时,应及时向容器或舱间送风和排气,加强通风措施。

③夏季高温作业时,应给焊工供给一定量的含盐清凉饮料,以补充体内水分流失。

1.2.6　有害气体的防护

①焊接时为了保护熔池中熔化金属不被氧化,在焊条药皮中加入了大量的产生保护气体的物质。其中有些保护气体对人体是有害的,为了减少有害气体的产生,应选用高质量的焊条,并且在焊接前清除焊件上的油污,有条件的要尽量采用自动焊接工艺,使焊工远离电弧,避免有害气体对焊工的伤害。

②利用有效的通风设施,排除有害气体。车间内应有机械通风设施进行通风换气。在容器内部进行焊接时,必须对焊工工作部位不断送入新鲜空气,以降低有害气体的浓度。

③加强焊工个人防护。工作时戴防护口罩,定期进行身体检查。

1.2.7　机械性外伤的防护

①焊件必须放置平稳,特殊形状的焊件应用支架或电焊胎夹具保持稳固。

②焊接圆形工件的环节焊缝,不准用起重机吊转工件施焊,也不能站在转动的工件上操作,防止跌落摔伤。

③焊接转胎的机械传动部分,应设防护罩。

④清铲焊接残渣时,应戴护目镜。

1.2.8　触电防护措施

焊接用电的特点是电压较高,超过了安全电压36V,必须采取防护措施,才能保证安全生产。焊机空载电压一般为50～90V,等离子切割电源的电压为300～450V,电子束焊机电压高达80～150kV,国产电焊机的输入电压为220/380V,频率为50Hz的工频交流电,这些都大大超过安全电压。

焊接时的触电事故分为两种情况:一是直接电击,即接触电焊设备正常运行的带电体或靠近高压电网和电气设备所发生的触电事故;二是间接电击,即触及意外带电体所发生的电击。意外带电体是指正常不带电而由于绝缘损坏或电器设备发生故障而带电的导体。

1. 焊接时发生直接电击事故的原因

①手或身体的某部位接触到电焊条或焊钳的带电部分,而脚或身体的其他部位对地面又无绝缘,特别是在金属容器内、阴雨潮湿的地方或身体大量出汗时,容易发生这种电击事故。

②在接线或调节电焊设备时,手或身体某部位碰到接线柱、极板等带电体而触电。

③在登高焊接时，触及或靠近高压电网引起的触电事故。

2. 焊接时发生间接触电事故的原因

①电焊设备漏电，人体触及带电的壳体而触电。这是由于潮湿环境致使绝缘损坏；焊机长期超负荷运行或短路发热致使绝缘损坏；电焊机安装的地点和方法不符合安全要求。

②电焊变压器的一次绕组与二次绕组之间绝缘损坏；错接变压器接线，将二次绕组接到电网上，或将采用220V的变压器接到380V电源上；手或身体某一部分触及二次回路或裸露的导体。

③触及绝缘损坏的电缆、胶木闸盒、破损的开关等。

④由于利用厂房的金属结构、管道、轨道、行车吊钩或其他金属物搭接作为焊接回路而发生触电。

3. 防范措施

①做好焊接切割作业人员的培训，做到持证上岗，杜绝无证人员进行焊接切割作业。

②焊接切割设备要有良好的隔离防护装置。伸出箱体外的接线端应用防护罩盖好；有插销孔接头的设备，插销孔的导体应隐蔽在绝缘板平面内。

③焊接切割设备应设有独立的电器控制箱，箱内应装有熔断器、过载保护开关、漏电保护装置和空载自动断电装置。

④焊接切割设备外壳、电器控制箱外壳等应设保护接地或保护接零装置。

⑤改变焊接切割设备接头、更换焊件需改变接二次回路、转移工作地点、更换保险丝以及焊接切割设备发生故障需检修时，必须在切断电源后方可进行。推拉闸刀开关时，必须戴绝缘手套，同时头部需偏斜。

⑥更换焊条或焊丝时，焊工必须使用焊工手套并要求焊工手套保持干燥、绝缘可靠。对于空载电压和焊接电压较高的焊接操作或在潮湿环境操作时，焊工应使用绝缘橡胶衬垫确保焊工与焊件绝缘。特别是在夏季高温作业时，由于身体出汗后衣服潮湿，焊工作业时不得靠在焊件、工作台上。

⑦在金属容器内或狭小工作场地焊接金属结构时，必须采用专门防护措施，如采用绝缘橡胶衬垫、穿绝缘鞋、戴绝缘手套，以保障焊工身体与带电体绝缘。

⑧在光线较暗的环境作业时，必须使用手提工作照明行灯。一般环境照明行灯的电压不超过36V；在潮湿、金属容器内等危险环境，照明行灯的电压不得超过12V。

⑨焊工在操作时不应穿带有铁钉的鞋或布鞋；绝缘手套不得短于300mm，制作材料应为柔软的皮革或帆布；焊条电弧焊工作服为帆布工作服，氩弧焊工作服为毛料或皮工作服。

⑩焊接切割设备的安装、检查和修理必须由持证电工来完成，焊工不得自行

检查和修理焊接切割设备。

1.3 焊接生产安全检查

1．场地的安全检查

(1)*焊接场地检查的必要性* 由于焊接场地不符合安全要求造成的火灾、爆炸、触电等事故时有发生，其破坏性和危害性很大，因此，要防患于未然，必须对焊接场地进行检查。

(2)*焊接场地的类型* 焊接作业场地一般有两类：一类是正常结构产品的焊接场地，如车间等；另一类是现场检修、抢修的工作场地。

(3)*焊接场地检查的内容*

①检查焊接与切割作业点的设备、工具、材料是否排列整齐。不得乱堆乱放。

②检查焊接场地是否保持必要的通道。车辆通道宽度不小于3m；人行通道不小于1.5m。

③检查所有气焊胶管、焊接电缆线是否通顺，如有缠线，必须分开；气瓶用后是否已移出工作场地，在工作场地各种气瓶应按规定放置，不得随便横躺竖放。

④检查焊工作业面积是否合乎要求。焊工作业面积应不小于$4m^2$；地面应干燥；工作场地要有良好的自然采光或局部照明，以保证工作面照度达50～100lx(照度)。

⑤检查焊接场地周围10m范围内，各类可燃易爆物品是否清除干净。如不能清除干净应采取可靠的安全措施，如用水喷湿或用防火盖板、湿麻袋、石棉布等覆盖；放在焊接场地附近的可燃材料，需预先采取安全措施，以隔绝飞溅的金属。

⑥室内作业应检查通风是否良好；多点焊接作业或与其他工种混合作业时，各工位间应设防护屏。

⑦室外作业现场要检查如下内容：登高作业现场是否符合安全要求；在地沟、坑道、检查井、管段和半封闭地段等处作业时，应严格检查有无爆炸和中毒危险，应该用仪器(如测爆仪、有毒气体分析仪)进行检验分析，禁止用明火及其他不安全的方法进行检查；对附近敞开的孔洞和地沟，应用石棉板盖严，防止飞溅的金属进入。

对焊接切割场地检查要做到仔细观察环境，针对各类情况认真做好防护。

2. 工具、夹具的安全检查

(1)*工具、夹具的种类* 为了保证焊条电弧焊顺利进行，保证获得较高质量的焊缝，焊接时应备有必需的工夹具和辅助工具。

1)工具。

①电焊钳。电焊钳的作用是夹持焊条和传导电流，由上下钳、弯臂、弹簧、直

柄、胶布手柄及固定销等组成，如图 1-9 所示。应检查电焊钳的导电性能、隔热性能，夹持焊条时要牢固，装换焊条时要方便。电焊钳的规格有 300A 和 500A 两种。

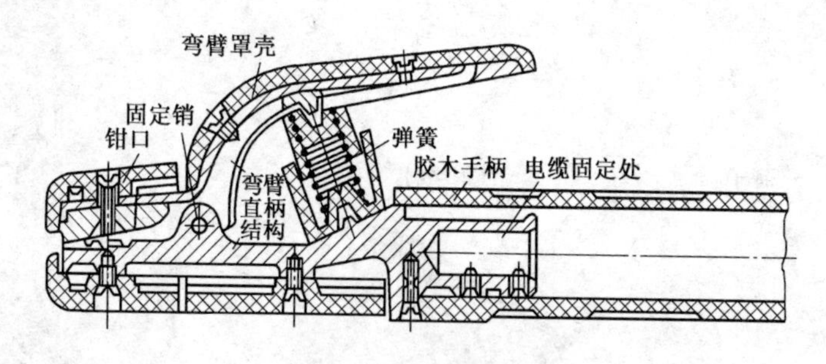

图 1-9 电焊钳结构

②面罩和护目镜片。面罩是为防止焊接时的金属飞溅、弧光及其他辐射对焊工面部及颈部造成损伤的一种遮蔽工具，有手持式和头盔式两种，如图 1-10 所示。面罩上装有用以遮蔽有害光线的黑玻璃（即护目玻璃），黑玻璃可以有各种添加剂和色泽，目前以墨绿色为最多，为改善保护效果，受光面可镀铬。为防止黑玻璃不会被金属飞溅损坏，应在其外面再加上两块无色透明的防护白玻璃。

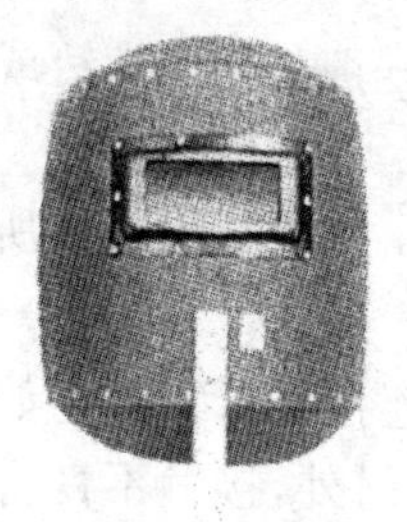

(a) 手持式面罩

(b) 头盔式面罩

图 1-10 电焊面罩

③角向磨光机。角向磨光机即平常所说的手持砂轮，是用来修磨坡口、清除缺陷等常用的工具。

④辅助用具。焊条电弧焊时常用的辅助工具还有锤子、敲渣锤、钢丝刷、扁铲、錾子、保温筒等，如图 1-11 所示。

2)夹具。为保证焊件尺寸，提高装配效率，防止焊接变形所采用的夹具称为焊接夹具。焊条电弧焊常用的装配夹具有以下几种。

①夹紧工具。夹紧工具用来紧固装配零件，常用的有楔口夹板、螺旋弓形夹，带压板的楔口收紧夹等。

②压紧工具。压紧工具用于装配时压紧焊件，使用时夹具的一部分往往要点

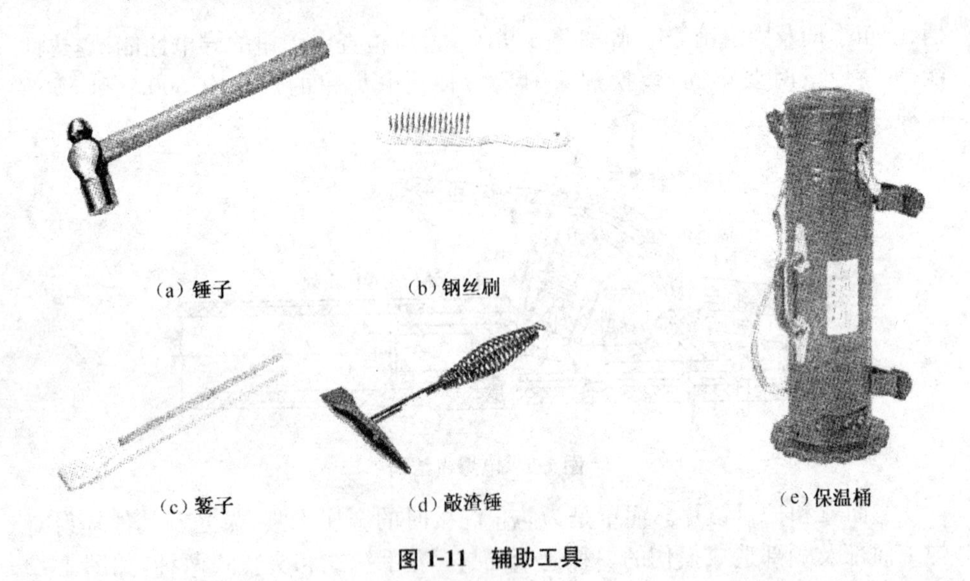

(a) 锤子 (b) 钢丝刷 (c) 錾子 (d) 敲渣锤 (e) 保温桶

图 1-11 辅助工具

焊固定在被装配的焊件上，焊接作业完成后再除去。常用的有带铁棒的压紧夹板、带压板的紧固螺栓、带楔条的压紧夹板等。

③拉紧工具。拉紧工具是将所装配零件的边缘拉到规定的尺寸，常用的有杠杆、螺钉、导链等几种。

④撑具。撑具是扩大或撑紧装配件用的一种工具，一般是利用螺钉或正反螺钉来达到扩大或撑紧的目的。

(2)工夹具的安全检查 为了保证焊接作业的安全，在焊接前应对所使用的工具、夹具进行检查。

①电焊钳。焊接前应检查电焊钳与焊接电缆接头连接是否牢固。如两者接触不牢固，焊接时将影响电流的传导，甚至会打火花。另外，接触不良将使接头处产生较大的接触电阻，造成电焊钳发热、变烫，影响焊接作业。同时还要检查钳口是否完好、有无损坏，以免影响焊条的夹持。

②面罩和护目镜片。主要检查面罩和护目镜片是否遮挡严密，有无漏光的现象。

③角向磨光机。检查砂轮转动是否正常，有没有漏电的现象；砂轮片是否已经紧固牢固，是否有裂纹、破损，要杜绝使用过程中砂轮碎片飞出伤人。

④锤子。检查锤头是否紧固、牢固，避免在击打中锤头松动，甩出伤人。

⑤扁铲、錾子。检查其边缘有无飞刺、裂痕，若有应及时清除，防止使用中碎块飞出伤人。

⑥夹具。各类夹具，特别是带有螺钉的夹具，要检查其上面的螺钉是否转动灵活，若已锈蚀则应除锈，并加以润滑，否则使用中会失去作用。

2 焊　条

2.1 焊条的组成及其作用

简单地说,焊条就是在金属丝(即焊芯)表面压涂适当厚度药皮的手工电弧焊用的熔化电极。焊条的外形如图 2-1 所示。为了便于引弧,焊条的引弧端应倒角,露出焊芯金属;为了使焊钳与焊芯保持良好接触,应将焊条夹持端处的药皮仔细地清理干净。

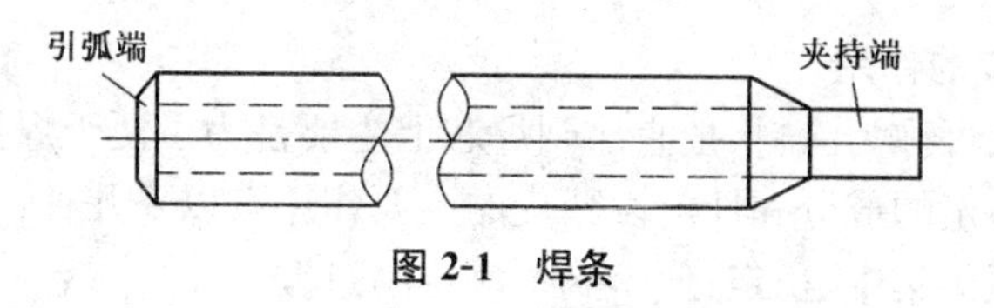

图 2-1　焊条

2.1.1 焊　芯

焊芯的作用主要是导电,在焊条端部形成电弧。同时,焊芯靠电弧热熔化后,冷却形成具有一定成分的熔敷金属。

目前,焊条的品种已有几百种,但用于制造焊条的焊芯种类不过数十种。为了保证熔敷金属具有所需的合金成分,一般可通过两种渗合金方法来达到:一种是利用低碳钢芯,通过药皮来过渡,这种方法主要用于低碳钢焊条、低合金钢焊条及堆焊焊条等;另一种是利用合金钢芯,再通过药皮来补充少量合金元素,这种方法主要用于不锈钢焊条、有色金属焊条及高合金钢焊条。当然,这种区分也不是绝对的,利用低碳钢芯,同样可以制成不锈钢焊条。但无论在什么样的情况下,焊芯的成分都直接影响熔敷金属的成分和性能,因此,要求焊芯尽量减少有害元素的含量。随着冶金工业的发展,对焊芯中有害元素含量的控制要求越来越严格,除了通常的硫(S)、磷(P)外,有些焊条已要求焊芯控制砷(As)、锑(Sb)、锡(Sn)等。

常用各种电焊条所用的焊芯见表 2-1。

表 2-1　电焊条焊芯

电焊条种类	所用焊芯	电焊条种类	所用焊芯
低碳钢焊条	低碳钢焊芯(H08A)等	堆焊用焊条	低碳钢或合金钢芯
低合金高强钢焊条	低碳钢或低合金钢焊芯	铸铁焊条	低碳钢、铸铁、有色金属焊芯
低合金耐热钢焊条	低碳钢或低合金钢焊芯	有色金属焊条	有色金属焊芯
不锈钢焊条	不锈钢或低碳钢焊芯		

焊芯除了铸造焊芯外,一般可在平炉、转炉或电炉中冶炼,也可用高频炉熔化

某些合金，铸成钢锭后热轧，再拉拔到所需的尺寸切断而成。

焊条的尺寸及焊芯的质量见表 2-2。

表 2-2 焊条的尺寸及焊芯的质量

焊芯尺寸(直径×长度)/mm	质量/g	焊芯尺寸(直径×长度)/mm	质量/g
1.6×200	3.0	4.0×400	39.2
2.0×250	6.1	5.0×400	61.5
2.5×300	11.3	5.8×400	82.4
3.2×350	21.8		

2.1.2 药皮

1. 焊条药皮的作用

焊条药皮又可称为涂料，把它涂到焊芯上主要是为了便于焊接操作以及保证熔敷金属具有一定的成分和性能。药皮的主要作用有以下几种：

①保证电弧的集中、稳定，使熔滴金属容易过渡。

②在电弧的周围造成一种还原性或中性的气氛，以防止空气中的氧和氮等进入熔敷金属。

③生成的熔渣均匀地覆盖在焊缝金属表面，减缓焊缝金属的冷却速度，并获得良好的焊缝外形。

④保证熔渣具有合适的熔点、黏度、密度等，使焊条能进行全位置焊接或容易进行特殊的作业，如向下立焊等。

⑤药皮在电弧的高温作用下，发生一系列冶金化学反应，除去氧化物及 S、P 等有害杂质，还可加入适当的合金元素，以保证熔敷金属具有所要求的力学性能或其他特殊的性能(如耐蚀、耐热、耐磨等)。此外，在焊条药皮中加入一定量的铁粉，可以改善焊接工艺性能或提高熔敷效率。

2. 焊条药皮的组成

焊条药皮可以采用氧化物、碳酸盐、硅酸盐、有机物、氟化物、铁合金及化工产品等上百种原料粉末，按照一定的比例进行混合而成。各种原料根据其在焊条药皮中的作用，可分成以下几类。

①稳弧剂。稳弧剂使焊条容易引弧及在焊接过程中保持电弧稳定燃烧。稳弧剂的材料大都是含有一定量的低电离电位元素的物质，如金红石、二氧化钛、钛铁矿、还原钛铁矿、钾长石、水玻璃(含有钾、钠等碱土金属的硅酸盐)，此外还有铝镁合金等。

②造渣剂。造渣剂在焊接时能形成具有一定物理化学性能的熔渣，保护焊接熔池及改善焊缝成形。熔渣的碱度对焊接工艺性能及焊缝金属理化性能均有很大的影响。主要的造渣剂大都是碳酸盐、硅酸盐、氧化物及氟化物，如大理石、萤

石、白云石、菱苦土、长石、白泥、云母、石英砂、金红石、二氧化钛、钛铁矿、还原钛铁矿、铁砂及冰晶石等。有些材料对熔渣的黏度、流动性影响很大,可以起到稀释熔渣的作用,如萤石、冰晶石、锰矿等。

③脱氧剂。脱氧剂通过焊接过程中进行的冶金化学反应,降低焊缝金属中的含氧量,提高焊缝性能。主要是含有对氧亲和力大的元素的铁合金及金属粉,如锰铁、硅铁、钛铁、铝铁、镁粉、铝镁合金、硅钙合金及石墨等。

④造气剂。造气剂在电弧高温作用下能进行分解,放出气体,保护电弧及熔池,防止周围空气中的氧和氮的侵入。常用的造气剂有碳酸盐及其有机物,如大理石、白云石、菱苦土、碳酸钡、木粉、纤维素、淀粉及树脂等。

⑤合金剂。合金剂是用来补偿焊接过程中合金元素的烧损及向焊缝过渡合金元素,以保证焊缝金属获得必要的化学成分及性能等。常用特种铁合金及金属粉作为合金剂,如锰铁、硅铁、铬铁、钼铁、钒铁、铌铁、硼铁、金属锰、金属铬、镍粉、钨粉、稀土硅铁等。

⑥增塑润滑剂。增塑润滑剂是增加药皮粉料在焊条压涂过程中的塑性、滑性及流动性,提高焊条的压涂质量,减少焊芯的偏心度。这些材料通常都具有一定的吸水后膨胀的特性,或具有一定的弹性、滑性,如云母、合成云母、滑石粉、白土、二氧化钛、白泥、木粉、膨润土、碳酸钠、海泡石、绢云母、藻朊酸盐等。

⑦粘结剂。粘结剂使药皮粉料在压涂过程中具有一定的黏性,能与焊芯牢固地粘结,并使焊条药皮在烘干后具有一定的强度。主要的粘结剂有水玻璃(钾、钠及锂水玻璃)及酚醛树脂等。

以上仅是根据每种材料的主要作用进行的简单分类,实际上一种材料同时可以具备几种作用。例如,大理石在电弧高温作用下分解为 CaO 及 CO_2,CO_2 起保护作用,CaO 可以造渣,因此,大理石主要起造气剂和造渣剂的作用。再如,锰铁主要是脱氧剂,但除了脱氧外,多余的锰将渗入焊缝起合金剂的作用,同时,作为脱氧产物的 MnO 又可以造渣。

2.2　焊条的分类及型号和牌号

电焊条的分类方法很多,可以从不同角度对电焊条进行分类。从焊接冶金角度,按熔渣的碱度,可将焊条分为酸性焊条和碱性焊条;按焊条药皮的主要成分可将焊条分为钛钙型焊条、钛铁矿型焊条、低氢型焊条、铁粉焊条等。从标准化角度,可按照焊条的特点(如熔敷金属抗拉强度、化学组成类型等),将焊条分成许多类型及不同等级,从而确定焊条的各种型号。从用途角度,又可将焊条分为结构钢焊条、耐热钢焊条及不锈钢焊条等十大类。

2.2.1　按熔渣的酸碱度分类

在实际生产中通常将焊条分为两大类——酸性焊条和碱性焊条(又称低氢型

焊条)。它们主要是根据熔渣的碱度,即熔渣中酸性氧化物和碱性氧化物的比例来划分。当熔渣中酸性氧化物占主要比例时为酸性焊条,反之即为碱性焊条。

1. 酸性焊条

从焊接工艺性能来比较,酸性焊条电弧柔软,飞溅小,熔渣流动性和覆盖性均好,因此,焊缝外表美观,焊波细密,成形平滑;碱性焊条的熔滴过渡是短路过渡,电弧不够稳定,熔渣的覆盖性差,焊缝形状凸起,且焊缝外观波纹粗糙,但在向上立焊时,容易操作。酸性焊条的药皮中含有较多的氧化铁、氧化钛及氧化硅等,其氧化性较强,因此在焊接过程中使合金元素烧损较多,同时由于焊缝金属中氧和氢含量较多,因而塑性、韧性较低。酸性焊条一般均可以交直流电源两用,典型的酸性焊条是E4303,也即J422。

2. 碱性焊条

碱性焊条的药皮中含有较多的大理石和萤石,并有较多的铁合金作为脱氧剂和渗合金剂,因此药皮具有足够的脱氧能力。再则,碱性焊条主要靠大理石等碳酸盐分解出二氧化碳作保护气体,与酸性焊条相比,弧柱气氛中氢的分压较低,且萤石中的氟化钙在高温时与氢结合成氟化氢(HF),从而降低了焊缝中的氢含量,故碱性焊条又称为低氢型焊条。由于氟的反电离作用,为了使碱性焊条的电弧能稳定燃烧,一般采用直流反接(即焊条接正极)进行焊接,只有当药皮中含有多量稳弧剂时,才可以交直流电源两用。用碱性焊条焊接时,由于焊缝金属中氧和氢含量较少,非金属夹杂物也少,故具有较高的塑性和冲击韧性。一般焊接重要结构(如承受动载荷的结构)或刚度较大的结构以及可焊性较差的钢材均采用碱性焊条。典型的碱性焊条是E5015,也即J507。

3. 酸性焊条、碱性焊条的工艺性能

酸性焊条与碱性焊条的工艺性能见表2-3。各种焊条焊缝金属的氧含量(从焊缝金属中非金属氧化物FeO、MnO、SiO_2折算的总氧量)分别为:纤维素型、氧化钛型、钛铁矿型为0.060%~0.100%;氧化铁型为0.100%~0.130%;低氢型为0.028%~0.040%。

表2-3 酸性焊条与碱性焊条的工艺性能

酸性焊条	碱性焊条
①药皮组分氧化性强。 ②对水、锈产生气孔的敏感性不大,使用前经150℃~200℃烘干1h;若不受潮,也可不烘干。 ③电弧稳定,可用交流电源或直流电源施焊。 ④焊接电流较大。 ⑤可长弧操作。 ⑥合金元素过渡效果差。 ⑦焊缝成形较好,除氧化铁型外,熔深较浅。	①药皮组分还原性强。 ②对水、锈产生气孔的敏感性大,焊条使用前经300℃~400℃烘干1~2h。 ③由于药皮中含有氟化物,恶化电弧稳定性,须用直流电源施焊,只有当药皮中加稳弧剂后,方可交直流电源两用。 ④焊接电流较小,较同规格的酸性焊条小10%左右。

续表 2-3

酸性焊条	碱性焊条
⑧熔渣结构呈玻璃状。 ⑨脱渣较方便。 ⑩焊缝常温、低温冲击性能一般。 ⑪除氧化铁型外，抗裂性能较差。 ⑫焊缝中氢含量高，易产生白点，影响塑性。 ⑬焊接时烟尘少	⑤须短弧操作，否则易引起气孔及增加飞溅。 ⑥合金元素过渡效果好。 ⑦焊缝成形尚好，容易堆高，熔深较深。 ⑧熔渣结构呈岩石结晶状。 ⑨坡口内第一层脱渣较困难，以后各层脱渣较容易。 ⑩焊缝常温、低温冲击性能较高。 ⑪抗裂性能好。 ⑫焊缝中扩散氢含量低。 ⑬焊接时烟尘多，且烟尘中含有害物质较多

2.2.2 按焊条药皮的主要成分分类

1. 焊条药皮的类型

焊条药皮由多种原料组成，按照药皮的主要成分可以确定焊条的药皮类型。例如，药皮中以钛铁矿为主的称为钛铁矿型；当药皮中含有30%以上的二氧化钛及20%以下的钙、镁的碳酸盐时，就称为钛钙型。低氢型例外，虽然其药皮中主要组成为钙、镁的碳酸盐和萤石，但却以焊缝中含氢量较低作为其主要特征而命名。有些药皮类型，由于使用的粘结剂分别为钾水玻璃（或以钾为主的钾钠水玻璃）或钠水玻璃，由此，同一药皮类型又进一步划分为钾型和钠型，如低氢钾型和低氢钠型。前者可用于交直流焊接电源，而后者只能用于直流电源。

2. 焊条类别及焊接电源选用（表 2-4）

表 2-4 焊条类别及焊接电源选用

药皮类型	药皮主要成分	焊接电源
钛型	氧化钛≥35%	直流或交流
钛钙型	氧化钛30%以上，钙、镁的碳酸盐20%以下	直流或交流
钛铁矿型	钛铁矿≥30%	直流或交流
氧化铁型	多量氧化铁及较多的锰铁脱氧剂	直流或交流
纤维素型	有机物15%以上，氧化钛30%左右	直流或交流
低氢型	钙、镁的碳酸盐和萤石	直流
石墨型	多量石墨	直流或交流
盐基型	氯化物和氟化物	直流

2.2.3　按焊条的用途分类

按焊条的用途进行分类，具有较大的实用性。我国现行的焊条分类方法为根据焊条国家标准，分为八类，其分类及相应的国家标准号见表 2-5。

按在我国沿用多年，在焊接行业所熟悉的牌号分类（依据原国家机械工业委员会编制的《焊接材料产品样本》所提供的牌号），焊条可分为十大类。表 2-6 列出了焊条大类的划分。

各大类按主要性能的不同还可分为若干小类，如结构钢焊条又可分为低合金结构钢焊条、低合金高强钢焊条等。有些焊条同时可以有多种用途，有些不锈钢焊条既可用于焊接不锈钢构件，又可用于堆焊焊条，堆焊某些在腐蚀环境中工件的表面，此外还可作为低温钢焊条，用于焊接某些在低温下工作的结构。

需要指出的是，每一焊条型号可以有多种焊条牌号，但每一焊条牌号，只能对应（或相当）一种焊条型号。另外，按焊条使用的行业不同，还有船用焊条、压力容器焊条、核工业焊条等专用焊条，其分别执行相应的标准或规定。特殊用途的焊条也有相应的标准。焊条型号（大类）与焊条牌号（大类）的对照见表 2-7。

表 2-5　焊条（型号）分类及相应的国家标准号

焊条分类	国家标准号	焊条分类	国家标准号
（原）碳钢焊条	GB/T 5117—1995	堆焊焊条	GB/T 984—2001
（现）非合金钢及细晶粒钢焊条	GB/T 5117—2012	铸铁焊条及焊丝	GB/T 10044—2006
（原）低合金钢焊条	GB/T 5118—1995	镍及镍合金焊条	GB/T 13814—2008
（现）热强钢焊条	GB/T 5118—2012	铜及铜合金焊条	GB/T 3670—1995
不锈钢焊条	GB/T 983—2012	铝及铝合金焊条	GB/T 3669—2001

表 2-6　焊条（牌号）大类划分

<table>
<tr><th colspan="2" rowspan="2">焊条大类</th><th colspan="2">代号</th><th rowspan="2">焊条大类</th><th colspan="2">代号</th></tr>
<tr><th>拼音</th><th>汉字</th><th>拼音</th><th>汉字</th></tr>
<tr><td colspan="2">结构钢焊条</td><td>J</td><td>结</td><td>铸铁焊条</td><td>Z</td><td>铸</td></tr>
<tr><td colspan="2">钼及铬钼耐热钢焊条</td><td>R</td><td>热</td><td>镍及镍合金焊条</td><td>Ni</td><td>镍</td></tr>
<tr><td rowspan="2">不锈钢焊条</td><td>铬不锈钢焊条</td><td>G</td><td>铬</td><td>铜及铜合金焊条</td><td>T</td><td>铜</td></tr>
<tr><td>铬镍不锈钢焊条</td><td>A</td><td>奥</td><td>铝及铝合金焊条</td><td>L</td><td>铝</td></tr>
<tr><td colspan="2">堆焊焊条</td><td>D</td><td>堆</td><td>特殊用途焊条</td><td>TS</td><td>特</td></tr>
<tr><td colspan="2">低温钢焊条</td><td>W</td><td>温</td><td></td><td></td><td></td></tr>
</table>

表 2-7 焊条型号与焊条牌号(大类)对照表

焊条型号			焊条牌号			
焊条大类(按化学成分分类)			焊条大类(按用途分类)			
国家标准编号	名 称	代号	类别	名 称	代 号	
					字母	汉字
GB/T 5117—2012	非合金钢及细晶粒钢焊条	E	一	结构钢焊条	J	结
GB/T 5118—2012	热强钢焊条	E	一	结构钢焊条	J	结
		E	二	钼和铬钼耐热钢焊条	R	热
		E	三	低温钢焊条	W	温
GB/T 983—2012	不锈钢焊条	E	四	铬不锈钢焊条	G	铬
				铬镍不锈钢焊条	A	奥
GB/T 984—2001	堆焊焊条	ED	五	堆焊焊条	D	堆
GB/T 10044—2006	铸铁焊条及焊丝	EZ	六	铸铁焊条	Z	铸
			七	镍及镍合金焊条	Ni	镍
GB/T 3670—1995	铜及铜合金焊条	TCu	八	铜及铜合金焊条	T	铜
GB/T 3669—2001	铝及铝合金焊条	TAl	九	铝及铝合金焊条	L	铝
			十	特殊用途焊条	Ts	特

2.2.4 焊条型号

焊条型号是以焊条国家标准为依据,反映焊条主要特性的一种表示方法。焊条型号包括以下含义:焊条类别、焊条特点(如焊芯金属类型、使用温度、熔敷金属化学组成或抗拉强度等)、药皮类型及焊接电源。不同类型焊条的型号表示方法也不同。

根据 GB/T 5117—2012《非合金钢及细晶粒钢焊条》标准规定,碳钢焊条型号根据熔敷金属的力学性能、药皮类型、焊接位置和焊接电流种类进行划分。碳钢焊条型号编制方法如下:

首字母"E"表示焊条;

前两位数字表示熔敷金属抗拉强度的最小值,单位为 MPa;

第三位数字表示焊条的焊接位置,"0" 及"1" 表示焊条适用于全位置焊接(即可平、立、仰、横焊),"2" 表示焊条适用于平焊及平角焊,"4" 表示焊条适用于向下立焊;

第三位和第四位数字组合时表示焊接电流种类及药皮类型;

在第四位数字后附加“R”表示耐吸潮焊条，附加“M”表示耐吸潮和力学性能有特殊规定的焊条，附加“－1”表示冲击性能有特殊规定的焊条。

碳钢焊条型号举例：

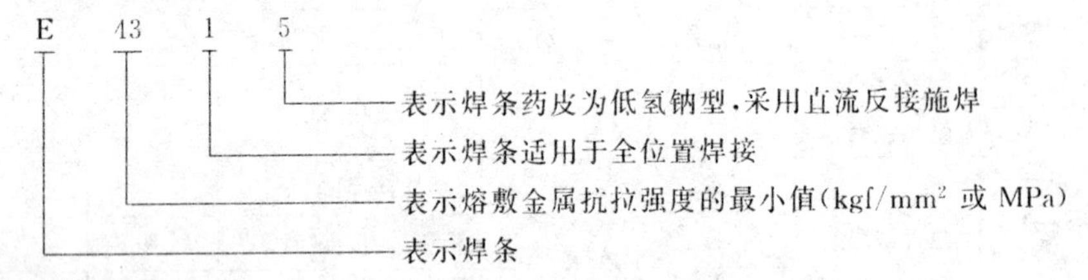

2.2.5 焊条牌号

焊条的牌号共分为十大类，如结构钢焊条（包括低合金高强钢焊条）、耐热钢焊条、不锈钢焊条等。焊条牌号通常以一个汉语拼音字母（或汉字）与三位数字表示。

拼音字母（或汉字）表示焊条的大类（见表 2-6）。

后面的三位数字中，前面两位数字表示熔敷金属抗拉强度最低值（MPa），第三位数字表示焊条牌号的药皮类型及焊接电源，其含义见表 2-8，对于任一给定的焊条，只要从相关的表中查出字母所表示的含义，就可以掌握这种焊条的主要特征。

表 2-8 焊条牌号中第三位数字的含义

焊条牌号	药皮类型	焊接电源种类	焊条牌号	药皮类型	焊接电源种类
□××0	未作规定	未作规定	□××5	纤维素型	DC 或 AC
□××1	氧化钛型	DC 或 AC	□××6	低氢钾型	DC 或 AC
□××2	钛钙型	DC 或 AC	□××7	低氢钠型	DC
□××3	钛铁矿型	DC 或 AC	□××8	石墨型	DC 或 AC
□××4	氧化铁型	DC 或 AC	□××9	盐基型	DC

注：DC——直流电源，AC——交流电源。

例如，J507（结 507）焊条：“J”（结）表示结构钢焊条，牌号中前两位数字“50”表示熔敷金属抗拉强度的最低值为 50MPa，第三位数字“7”表示药皮类型为低氢钠型，直流反接电源。按照国标 GB/T 5117—2012《非合金钢及细晶粒钢焊条》，J507 应符合 E5015 型焊条要求。

2.3 碳钢焊条的选用、使用及保管

1. 焊条选用基本原则

焊条的种类繁多，每种焊条都有一定的特性和用途。为了保证焊接产品品质

量、提高生产效率和降低生产成本，必须正确选用焊条。在实际选择焊条时，除了要考虑经济性、施工条件、焊接效率和劳动条件之外，还应考虑以下基本原则。

①等强度原则。对于承受静载荷或一般载荷的工件或结构，通常按焊缝与母材等强的原则选用焊条，即要求焊缝与母材抗拉强度相等或相近。

②等条件原则。根据工件或焊接结构的工作条件和特点来选用焊条。如在焊接承受动荷载或冲击荷载的工件时，应选用熔敷金属冲击韧性较高的碱性焊条；而在焊接一般结构时，则可选用酸性焊条。

③等同性原则。在特殊环境下工作的焊接结构，如耐腐蚀、高温或低温等环境，为了保证其使用性能，应根据熔敷金属与母材性能相同或相近原则选用焊条。

2. 碳钢焊条的选用原则

正确选用碳钢焊条能确保焊接结构的焊接质量、焊接生产效率、焊接生产成本、焊工身体健康。选用碳钢焊条时应遵守以下原则。

①考虑焊缝金属的使用性能要求。焊接碳素结构钢时，如属同种钢的焊接，按钢材抗拉强度等强的原则选用焊条；不同钢号的碳素结构钢焊接时，按强度较低一侧钢材选用焊条；对于承受动荷载的焊缝，应选用熔敷金属具有较高冲击韧度的焊条；对于承受静荷载的焊缝，应选用抗拉强度与母材相当的焊条。

②考虑焊件的形状、刚度和焊接位置。选用焊条，不仅要考虑其力学性能，还要考虑焊接接头形状的影响，因为强度和塑性好的焊条虽然适用于对接焊缝的焊接，但是，该焊条用于焊接角焊缝时，就会使力学性能偏高而塑性偏低；结构复杂、刚度大的焊件，由于焊缝金属收缩时产生的应力大，应选用塑性较好的焊条；焊接部位焊前难以清理干净的焊件，应选用抗氧化性强，对铁锈、油污等不敏感的酸性焊条，这样更能保证焊缝的质量。

③考虑焊缝金属的抗裂性。当焊件刚度较大，母材含碳、硫、磷偏高或外界温度偏低时，焊缝容易出现裂纹，焊接时最好选用抗裂性较好的碱性焊条。

④考虑焊条操作工艺性。在保证焊缝使用性能和抗裂性要求的前提下，尽量选用焊接过程中电弧稳定、焊接飞溅少、焊缝成形美观、脱渣性好和适用于全位置焊接的酸性焊条。

⑤考虑设备及施工条件。在没有直流焊机的情况下，不能选用低氢钠型焊条，可选用交直流两用的低氢钾型焊条；当焊件不能翻转而必须进行全位置焊接时，应选用能适合各种条件下空间位置焊接的焊条。例如，进行立焊和仰焊操作时，建议选用钛钙型焊条、钛铁型焊条焊接。

⑥考虑经济合理。在保证焊缝性能要求的条件下，应当选用成本较低的焊条，如钛铁矿型焊条的成本要比具有相同性能的钛钙型焊条低得多。

⑦考虑生产效率。对于焊接工作量大的焊件，在保证焊缝性能的前提下，尽量选用生产效率高的焊条，如铁粉焊条、重力焊条、立向下焊条等专用焊条，这样

不仅焊缝的力学性能达到同类焊条标准，还能极大地提高焊接效率。

3. 焊条的使用

①一般焊条在使用前要烘干，酸性焊条视受潮情况在75℃～150℃烘干1～2h；碱性低氢型结构钢焊条应在350℃～400℃烘干1～2h。烘干的焊条应放在100℃～150℃的焊条保温箱(筒)内，随用随取，使用时注意保持干燥。

②低氢型焊条一般在常温下超过4h，应重新烘干，且重复烘干次数不宜超过3次。

③焊条烘干时应做记录，记录上应有牌号、批号、温度和时间等内容。

④在焊条烘干期间，应有专门负责的技术人员对操作过程进行检查和核对，每批焊条不得少于一次，并在操作记录上签名。

⑤烘干焊条时，焊条不应成垛或成捆地堆放，应层状铺放，每层焊条堆放不能太厚(一般1～3层)，避免焊条烘干时受热不均和潮气不易排除。

⑥焊工在领用焊条时，必须根据产品要求填写领用单，其填写项目包括令号、产品图号、被焊工件号，以及领用焊条的牌号、规格、数量及领用时间等，并作为下班回收剩余焊条时的核查依据。

⑦烘干焊条时，取出和放进焊条应防止焊条因骤冷骤热而产生药皮开裂、脱皮现象。

⑧露天操作隔夜时，必须将焊条妥善保管，不允许露天存放，应在低温烘箱中恒温保存，否则，次日使用前还要重新烘干。

⑨防止焊条牌号用错，除应建立焊接材料领用制度外，还需建立焊条头回收制度，以防剩余焊条散失生产现场。

4. 焊条的保管

①焊条必须在干燥、通风良好的室内仓库中存放，库内不允许放置有害气体和腐蚀介质，焊条应放在离地面和墙壁距离均不小于300mm的架子上，防止受潮。

②焊条堆放时应按种类、牌号、批次、规格和入库时间分类堆放，并应有明确标记，避免混乱。

③一般焊条出库量一次不能超过两天用量，已经出库的焊条必须妥善保管。

④保证焊条在供给使用单位后至少6个月之内使用，入库的焊条应做到先入库的先使用。

⑤特种焊条储存与保管应高于一般性焊条，应堆放在专用仓库或指定的区域，受潮或包装破损的焊条未经处理不准入库。

⑥焊条贮存库应设置温度计和湿度计。低氢型焊条室内温度不低于50℃，相对空气湿度不低于60%。

⑦对于受潮、药皮变色、焊芯有锈迹的焊条，须经烘干后进行质量评定，若各项性能指示满足要求时方可入库，否则不能入库。

3 焊接接头及焊缝符号

3.1 焊接接头的基本类型及坡口形式

3.1.1 焊接接头的类型

用焊接方法连接的接头称为焊接接头，一个焊接结构总是由若干个焊接接头组成。焊接接头可分为对接接头、T形接头、十字接头、搭接接头、角接接头、端接接头、套管接头、斜对接接头、卷边接头和锁底对接接头等，其中以对接、T形接、搭接、角接接头形式应用得较多。

1. 对接接头

对接接头是指两焊件表面构成大于或等于135°、小于或等于180°夹角的接头，即两焊件（板、棒、管）相对端面焊接而成的接头，如图3-1所示，它是各种焊接结构中采用最多的一种接头形式。

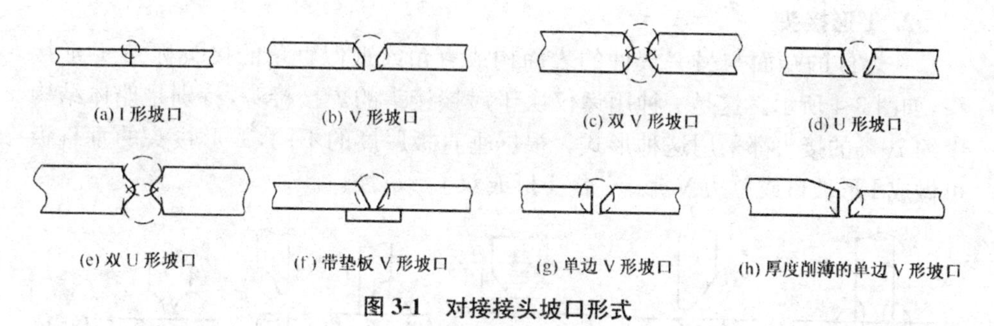

图3-1 对接接头坡口形式

I形坡口焊成的对接接头，用于较薄钢板的焊件，如果产品不要求在整个厚度上全部焊透，则可进行单面焊接，但此时必须保证焊缝的计算厚度 $H \geqslant 0.7\delta$（δ 为板厚）。如图3-2中所示。如果要求产品在整个厚度上全部焊透，则可在焊缝背面用炭弧气刨清根后再进行焊接，即形成I形坡口的双面焊接对接接头。

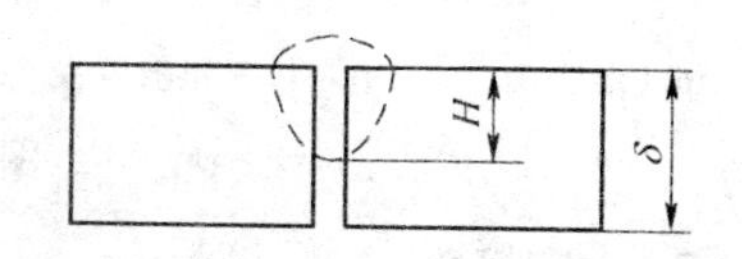

图3-2 单面焊接I形坡口对接焊缝

有坡口的对接接头，用于钢板较厚而需要全焊透的焊件，根据钢板厚度不同，可做成各种形状的坡口，其中常用的有V形、双V形和U形等。

带垫板的V形坡口是在坡口背面放置一块与母材金属成分相同的垫板，常用于要求全焊透而焊缝背面又无法焊接的焊件，如小直径管道的对接焊缝，这种坡口形式对装配要求较严格，因为如果垫板和管道的椭圆度不一致，则在装配时.

两者之间在局部地方会形成间隙，焊接时，熔渣流入此间隙，因无法上浮而形成夹渣。因此，对于一些重要的焊件，不宜使用带垫板的接头，而应该推广使用单面焊双面成形的焊接工艺。

厚板削薄的单边 V 形坡口，用于不等厚度钢板的对接。对接接头的两侧钢板如果厚度相差太多，则连接后由于连接处的截面变化较大，将会引起严重的应力集中。所以，对于重要的焊接结构，如压力容器，应对厚板进行削薄。通常规定在以下情况时对厚板进行削薄：

①当薄板厚度≤10mm 时，两板厚度差超过 3mm。

②当薄板厚度>10mm 时，两板厚度差大于薄板厚度的 30%，或超过 5mm。不等厚焊件削薄长度如图 3-3 所示。

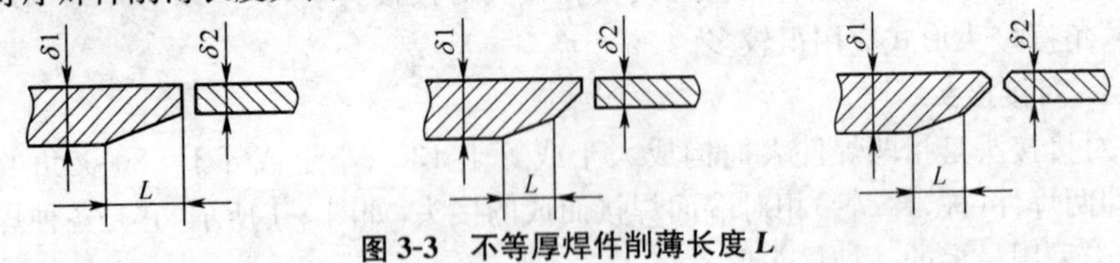

图 3-3 不等厚焊件削薄长度 L

2. T 形接头

一焊件的端面与另一焊件的表面构成直角或近似直角的接头称为 T 形接头，如图 3-4 所示。这是一种用途仅次于对接接头的焊接接头，特别是船体结构中约 70%的接头都采用这种形式。根据垂直板厚度的不同，T 形接头的垂直板可做成 I 形坡口或单边 V 形、K 形、J 形或双 J 形等坡口。

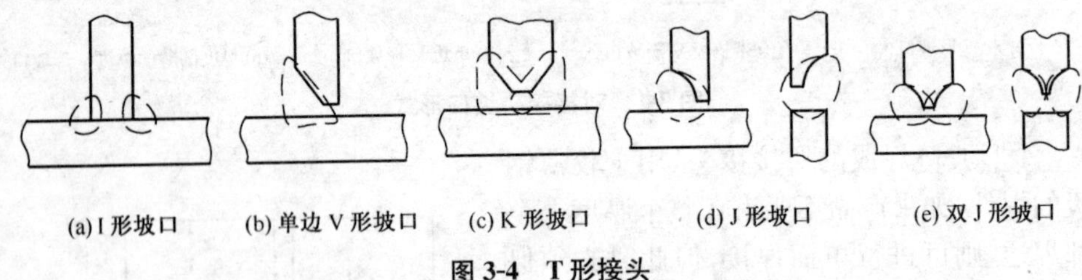

(a) I 形坡口 (b) 单边 V 形坡口 (c) K 形坡口 (d) J 形坡口 (e) 双 J 形坡口

图 3-4 T 形接头

3. 十字接头

三个焊件装配成"十字"形的接头称为十字接头，如图 3-5 所示。这种接头实际上是两个 T 形接头的组合，根据焊透程度的要求，可做成 I 形坡口或在两块板中做成 K 形坡口。

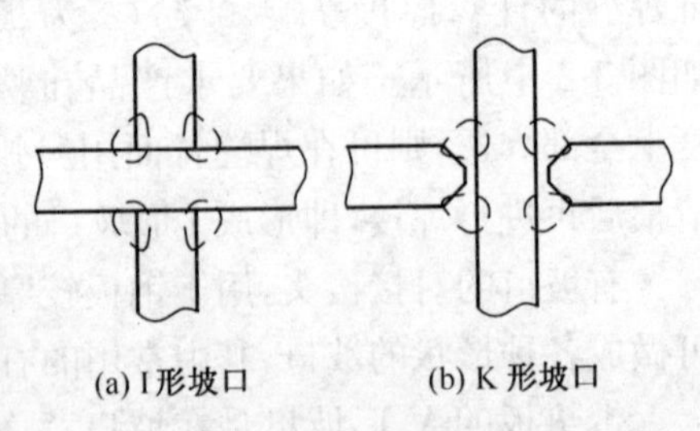

(a) I 形坡口 (b) K 形坡口

图 3-5 十字接头

4. 搭接接头

两焊件部分重叠构成的接头称为搭接

接头，如图 3-6 所示。根据焊件结构形式和强度要求不同，搭接接头可分为I形坡口、圆孔内塞焊以及长孔内角焊三种形式。I形坡口的搭接接头采用双面焊接，这种接头强度较差，很少采用。当重叠钢板的面积较大时，为保证结构强度，根据需要可分别选用圆孔内塞焊和长孔内角焊的形式，这两种接头形式特别适用于被焊结构狭小处以及密闭的焊接结构。

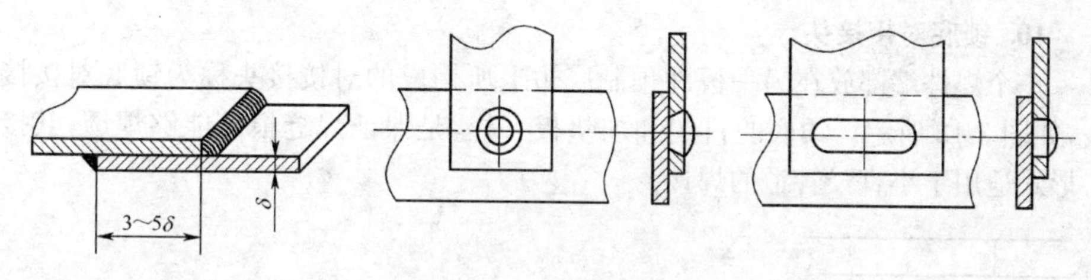

图 3-6 搭接接头

5. 角接接头

两板件端面间构成大于 30°或等于 30°、小于 135°夹角的接头称为角接接头，如图 3-7 所示。这种接头受力状况不太好，常用于不重要的结构中。根据焊件厚度不同，接头形式也可分为I形角接接头和带坡口的角接接头。

6. 端接接头

两板(棒)件重叠放置或两焊件表面之间的夹角不大于 30°构成的接头称为端接接头，如图 3-8 所示。端接接头实际上是一种小角度的角接接头，常用于不重要的结构中。

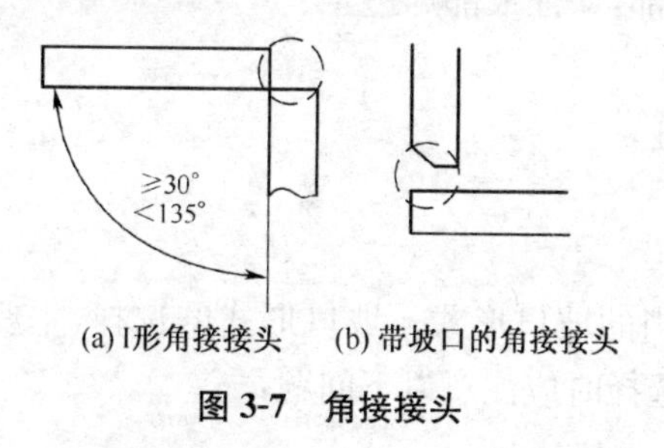

(a) I形角接接头 (b) 带坡口的角接接头

图 3-7 角接接头

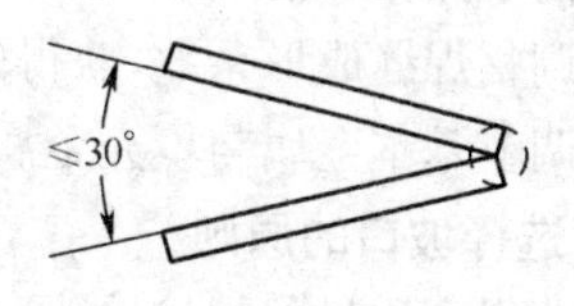

图 3-8 端接接头

7. 套管接头

将一根直径稍大的短管套于需要被连接的两根管子的端部构成的接头称为套管接头，如图 3-9 所示。这种接头常用于锅炉制造中，当连接锅炉锅管的管子通入冷水时，管子受到高温会发生爆裂，加上套管后就能避免通冷水的管子直接和高温接触。

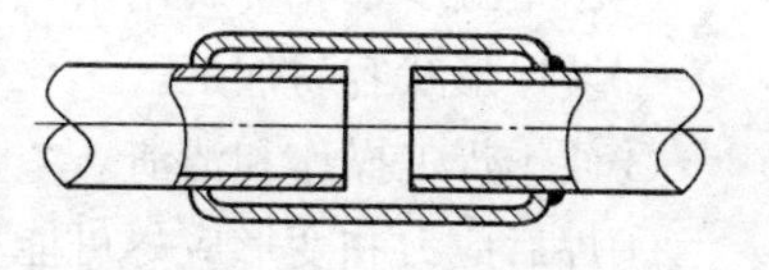

图 3-9 套管接头

8. 斜对接接头

接缝在焊件平面上倾斜布置的对接接头称为斜对接接头，如图 3-10 所示，通常倾斜角度为45°。此接头可提高焊件的连接强度,但浪费材料,已较少采用。

9. 卷边接头

薄板焊件端部预先卷起,将卷边部分熔化的焊接接头称为卷边接头,如图3-11所示。这种接头主要用于薄板和有色金属的焊接,为防止焊接时焊件烧穿,卷边后可以增加连接接头的厚度。

10. 锁底对接接头

一个焊件端部放在另一板件预制底边上所构成的对接接头称为锁底对接接头,如图3-12所示。锁底的目的和加垫板一样,是保证焊缝根部能够焊透,其接头形式适用于小直径管道的焊接。

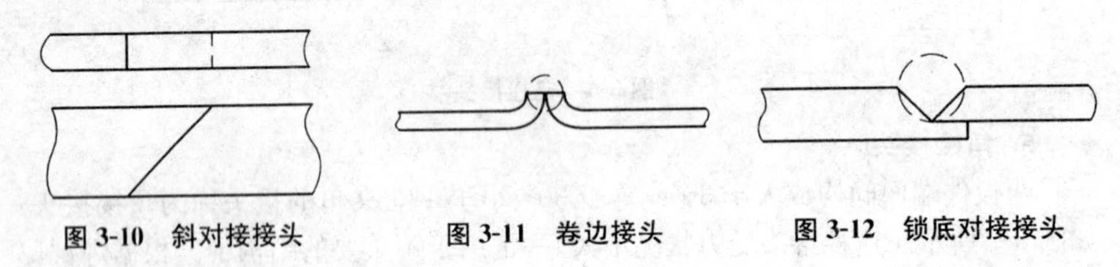

图3-10　斜对接接头　　图3-11　卷边接头　　图3-12　锁底对接接头

3.1.2　焊接坡口

1. 坡口的定义及作用

根据设计或工艺要求,在焊件的待焊部位加工成一定几何形状和尺寸的沟槽称为坡口。坡口有以下作用:

①使热源(电弧或火焰)能进入焊缝根部,保证根部焊透。

②便于操作和清理焊渣。

③调整焊缝成形系数,获得较好的焊缝。

④调节基本金属与填充金属的比例。

2. 选择坡口的原则

为获得高质量的焊接接头,应选择适当的坡口形式。坡口形式的选择,主要取决于母材厚度、焊接方法和工艺要求。选择时应注意以下问题:

①尽量减少填充金属用量。

②坡口形状容易加工。

③便于焊工操作和清渣。

④焊后应力和变形应尽可能小。

常见的几种坡口形式比较见表3-1。

3. 坡口制备

坡口制备方法应根据焊件的尺寸、形状及加工条件确定。常用的制备方法有以下几种。

①剪边。用剪板机剪切加工,常用于I形坡口加工。

表 3-1 V形、U形、X形坡口的比较

坡口形式	比较条件			
	加工	焊缝填充金属量	焊件翻转	焊后变形
V	方便	较多	不需要	较大
U	复杂	少	不需要	小
X	方便	较少	需要	较小

②刨边。用刨床或刨边机加工，常用于板件加工。

③车削。用车床或车管机加工，适用于管子加工。

④切割。用氧乙炔火焰手工切割或自动切割机切割加工 I 形、V 形、X 形和 K 形坡口。

⑤炭弧气刨。主要用于清理焊根时的开槽，效率较高，但劳动条件较差。

⑥铲削或磨削。用手工或风动、电动工具铲削或使用砂轮机(或角向磨光机)磨削加工，效率较低，多用于焊接缺陷返修部位的开槽。

4. 坡口的类型

常见的坡口类型见表 3-2。

表 3-2 常见的坡口类型

坡口类型	坡口特点	图示
基本型	形状简单、加工容易、应用普遍	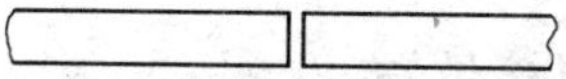 (a) I 形坡口  (b) V 形坡口 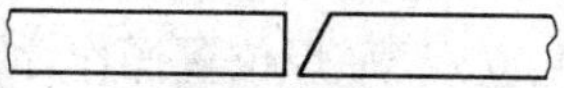 (c) 单边 V 形坡口  (d) U 形坡口 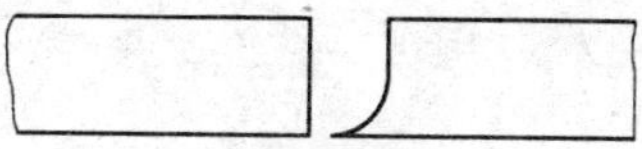 (e) J 形坡口

续表 3-2

坡口类型	坡口特点	图示
组合型	由两种或两种以上的基本坡口组合而成	(a) Y形坡口 (b) 双Y形坡口 (c) 带钝边U形坡口 (d) 双单边V形坡口 (e) 带钝边单边Y形坡口
特殊型	既不属于基本型又不同于组合型的特殊坡口，如卷边坡口、带垫板坡口、锁边坡口、塞焊、槽焊坡口等	(a) 卷边坡口 (b) 带垫板坡口 (c) 锁边坡口 (d) 塞焊、槽焊坡口

3.2 焊接位置与焊缝符号

3.2.1 焊接位置

施焊时焊接接缝所处的空间位置称为焊接位置。焊接位置有 6 种，分别为平焊位置、横焊位置、立焊位置、仰焊位置、平角焊位置和仰角焊位置，如图 3-13 所示。

在工程上常见的水平固定管件的焊接，由于管件在 360°的位置上均有焊缝，即使用仰焊、立焊、平焊位置操作，故称为全位置焊接。当焊接接缝置于倾斜位置（除平、横、立、仰焊位置以外）时，进行的焊接称为倾斜焊。

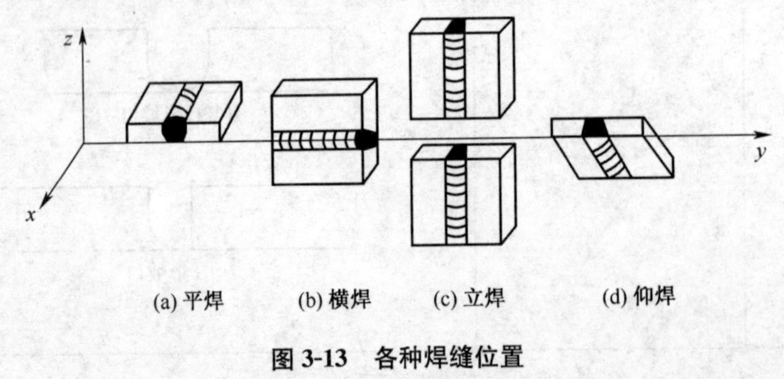

(a) 平焊 (b) 横焊 (c) 立焊 (d) 仰焊

图 3-13 各种焊缝位置

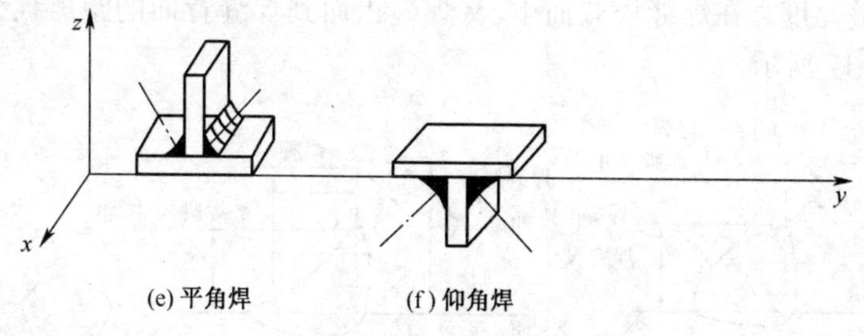

图 3-13 各种焊缝位置(续)

3.2.2 焊缝的形状尺寸

①焊缝宽度。焊缝表面与母材交界处称为焊趾,焊缝表面两焊趾之间的距离为焊缝宽度,如图 3-14 所示。

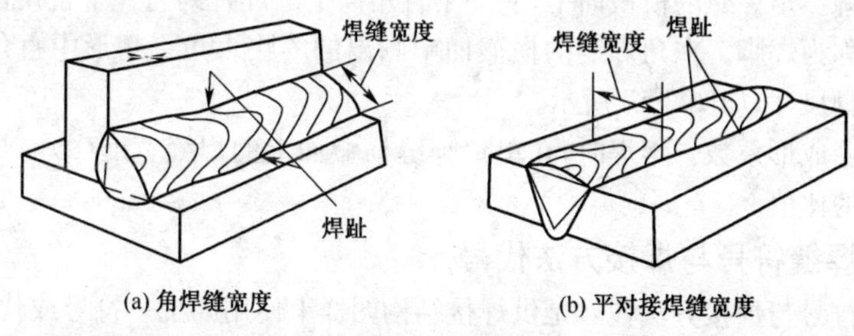

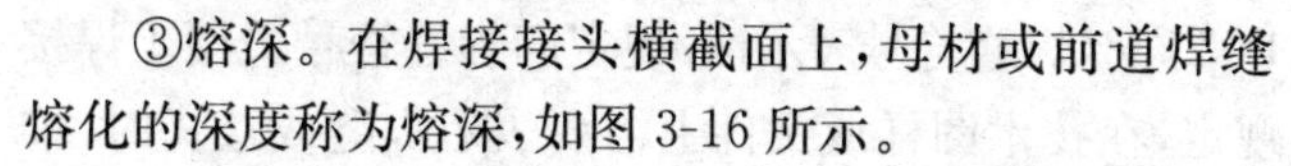

图 3-14 焊缝宽度

②余高。超出母材表面连线上面的那部分焊缝金属的最大高度称为余高,如图 3-15 所示。在动载或交变荷载作用下,余高不但不起加强作用,反而因焊趾处的应力集中而容易发生脆断,所以余高不能过高。焊条电弧焊的余高一般为 0～3mm。

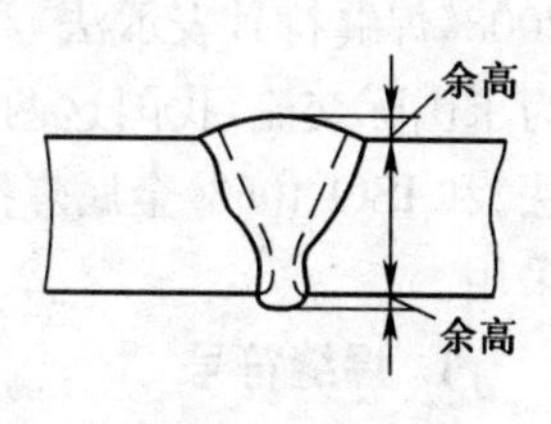

图 3-15 余高

③熔深。在焊接接头横截面上,母材或前道焊缝熔化的深度称为熔深,如图 3-16 所示。

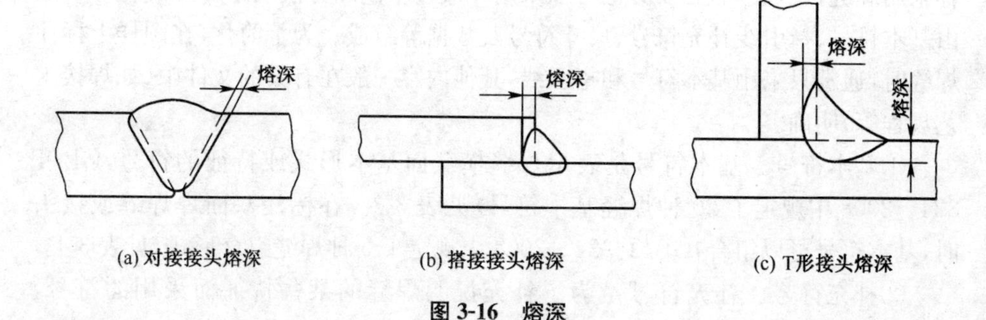

图 3-16 熔深

④焊缝厚度。在焊缝横截面中，从焊缝正面到焊缝背面的距离称为焊缝厚度，如图 3-17 所示。

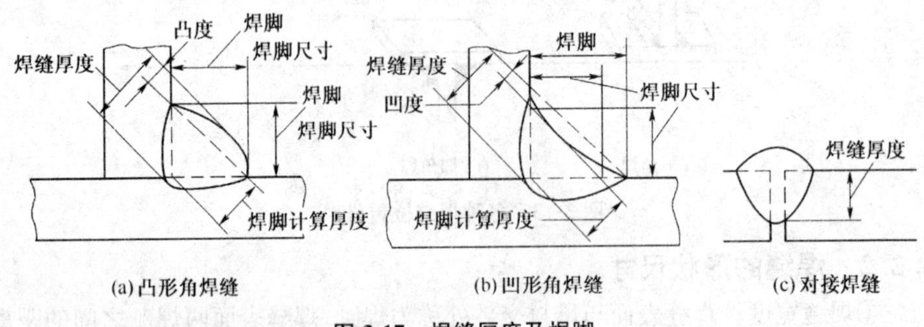

图 3-17 焊缝厚度及焊脚

⑤焊脚。角焊缝的横截面中，从一个直角面上的焊趾到另一个直角面表面的最小距离称为焊脚。在角焊缝的横截面中画出的等腰直角三角形中直角边的长度称为焊脚尺寸，如图 3-17 所示。

⑥焊缝成形系数。熔焊时，在单道焊缝横截面上的焊缝宽度(c)与焊缝计算厚度(H)的比值。

3.2.3 焊缝符号与焊接方法代号

焊缝符号与焊接方法代号是供焊接结构图样上使用的统一符号或代号，也是一种工程语言。我国的焊缝符号和焊接方法代号分别由国家标准 GB/T 324—2008《焊缝符号表示法》和 GB/T 5185—2005《焊接及相关工艺方法代号》规定。为了国际交流，我国这两个标准与国际标准 ISO 2553《焊缝在图样上的表示方法》和 ISO 4063《金属焊接及钎焊方法在图纸上的表示方法》基本相同，可以等效采用。

1. 焊缝符号

我国国家标准 GB 324—2008《焊缝符号表示法》规定的焊缝符号适用于焊接接头的符号标注。该标准规定，在技术图样或文件上需要表示焊缝或接头时，推荐采用焊缝符号表示，必要时也可以采用一般技术制图方法表示。焊缝符号一般由基本符号、指引线补充符号、尺寸符号及数据等组成。为了简化，在图样上标注焊缝时，通常只采用基本符号和指引线，其他内容一般在有关的文件中(如焊接工艺规程等)明确。

①基本符号。基本符号是表示焊缝横截面基本形式或特征的符号，GB/T 324—2008 中规定了 20 种焊缝基本符号，见表 3-3。在标注双面焊焊缝或接头时，基本符号可以组合，GB/T 324—2008 中规定了 5 种焊缝组合形式，见表 3-4。

②补充符号。补充符号是为了补充说明焊缝的某些特征而采用的符号。GB/T 324—2008 中规定了 10 种焊缝补充符号，见表 3-5。

表 3-3 焊缝基本符号

序号	名称	示意图	符号
1	卷边焊缝[①] （卷边完全熔化）	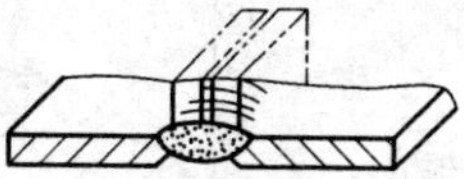	 八
2	I形焊缝	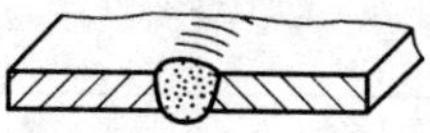	‖
3	V形焊缝		 V
4	单边V形焊缝		
5	带钝边V形焊缝		 Y
6	带钝边单边V形焊缝		
7	带钝边U形焊缝		
8	带钝边J形焊缝		
9	封底焊缝	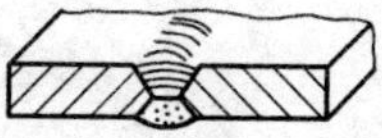	◡
10	角焊缝	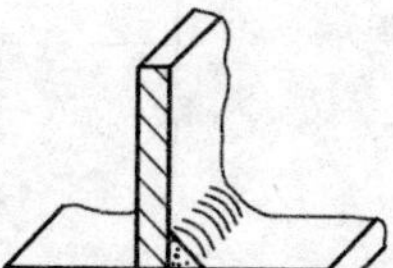	

续表 3-3

序号	名　称	示 意 图	符　号
11	塞焊缝或槽焊缝	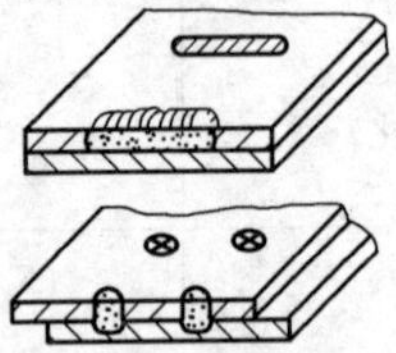	
12	点焊缝	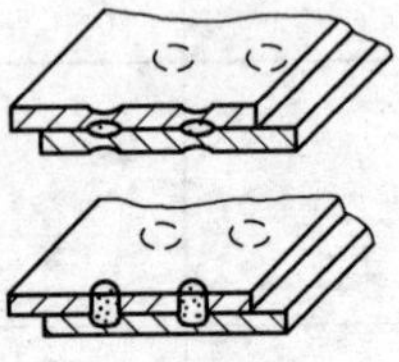	
13	缝焊缝	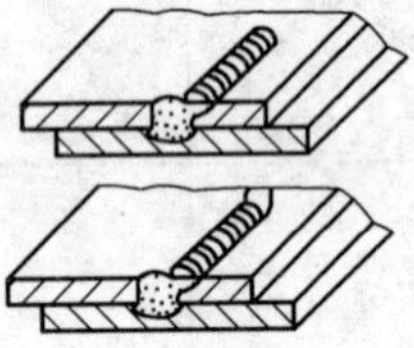	
14	陡边 V 形焊缝		
15	陡边单 V 形焊缝		
16	端焊缝		
17	堆焊缝		
18	平面连接(钎焊)	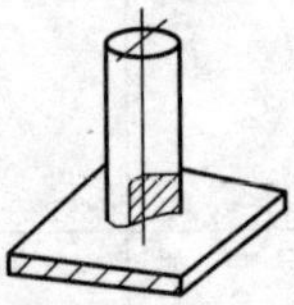 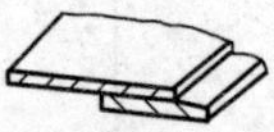	

续表 3-3

序号	名　称	示 意 图	符　号
19	斜面连接(钎焊)	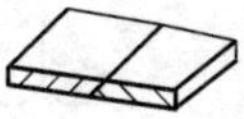	
20	折叠连接(钎焊)		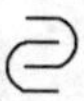

表 3-4 焊缝基本符号的组合

序号	名　称	示 意 图	符　号
1	双面 V 形焊缝 (X 焊缝)	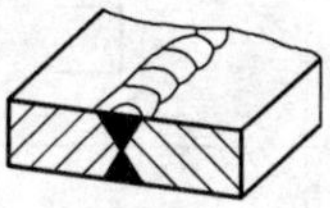	
2	双面单 V 形焊缝 (K 焊缝)	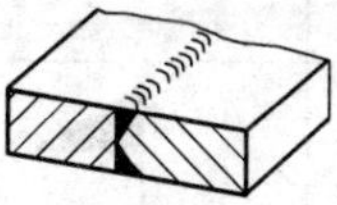	
3	带钝边的双面 V 形焊缝		
4	带钝边的双面单 V 形焊缝	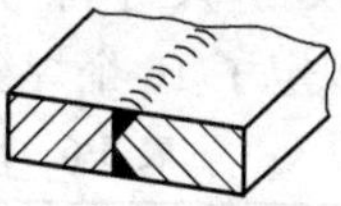	
5	双面 U 形焊缝		

表 3-5 焊缝补充符号

序号	名 称	符 号	说　明
1	平面		焊缝表面通常经过加工后平整
2	凹面	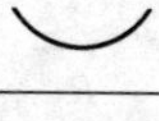	焊缝表面凹陷
3	凸面		焊缝表面凸起

续表 3-5

序号	名　称	符　号	说　明
4	圆滑过渡		焊趾处过渡圆滑
5	永久衬垫	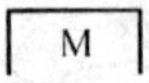 M	衬垫永久保留
6	临时衬垫	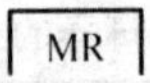 MR	衬垫在焊接完成后拆除
7	三面焊缝		三面带有焊缝
8	周围焊缝		沿着工件周边施焊的焊缝； 标注位置为基准线与箭头线的交点处
9	现场焊缝		在现场焊接的焊缝
10	尾部		可以表示所需的信息

③焊缝尺寸符号。焊缝尺寸符号是表示坡口和焊缝各特征尺寸的符号。GB/T 324—2008 中共规定了 16 个焊缝尺寸符号，见表 3-6。

表 3-6　焊缝尺寸符号

符　号	名　称	示　意　图	符　号	名　称	示　意　图
δ	工件厚度	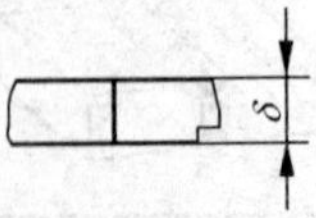	p	钝边高度	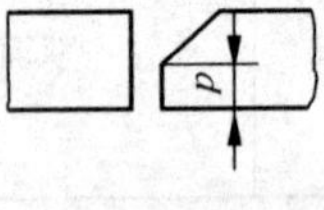
α	坡口角度	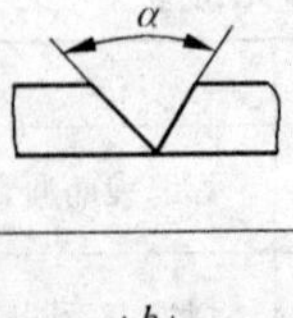	c	焊缝宽度	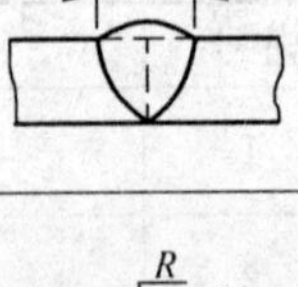
b	根部间隙	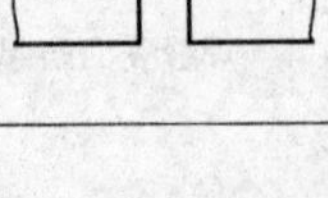	R	根部半径	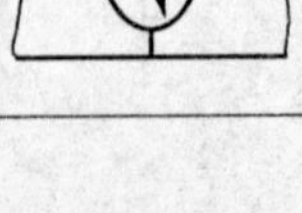

续表 3-6

符号	名称	示意图	符号	名称	示意图
l	焊缝长度		S	焊缝有效厚度	
n	焊缝段数		N	相同焊缝数量	
e	焊缝间距		H	坡口深度	
K	焊脚尺寸		h	余高	
d	熔核直径		β	坡口面角度	

2. 焊接方法代号

在焊接结构图样上，为简化焊接方法的标注和说明，可采用 GB/T 5185-2005《焊接及相关工艺方法代号》中规定的阿拉伯数字表示金属焊接及钎焊等各种焊接方法的代号。常用的焊接方法代号见表 3-7。

表 3-7 常用焊接方法代号

序号	焊接方法	焊接方法数字代号
1	焊条电弧焊（手弧焊）	111
2	埋弧焊	12
3	熔化极惰性气体保护焊（MIG）	131
4	熔化极非惰性气体保护焊（MAG、CO_2）	135
5	钨极惰性气体保护焊（TIG）	141
6	氧乙炔焊	311
7	氧丙烷焊	312

3. 焊接符号和焊接方法代号在图样上的标注

（1）指引线的结构　指引线的结构如图 3-18 所示。

（2）指引线标注位置　指引线标注位置如图 3-19 所示。

（3）基本符号的标注位置

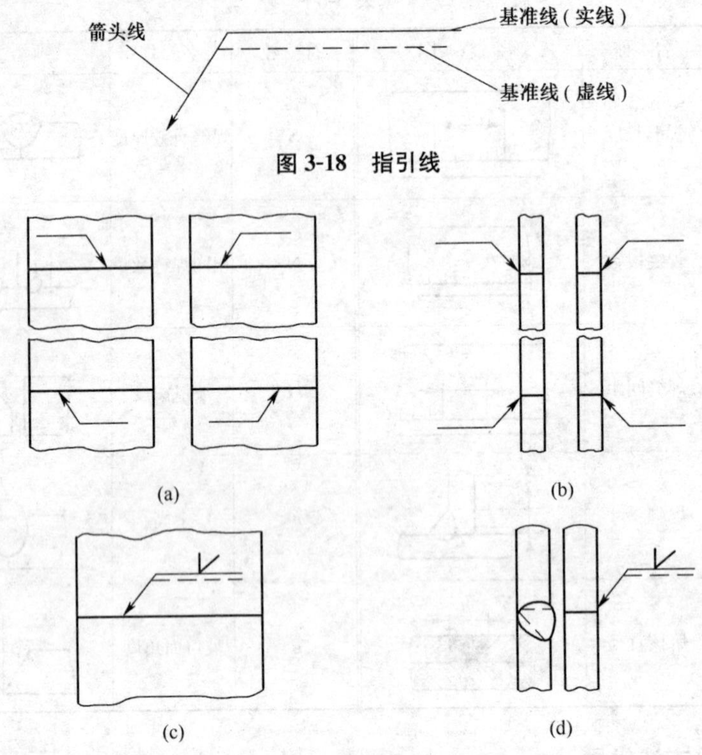

图 3-18 指引线

图 3-19 指引线标注位置

①如果焊缝在接头的箭头侧,则将基本符号标在基准线的实线侧,如图 3-20a 所示。

②如果焊缝在接头的非箭头侧,则将基本符号标在基准线的虚线侧,如图 3-20b 所示。

③标注对称焊缝及双面焊缝时,可不加虚线,如图 3-20c、d 所示。

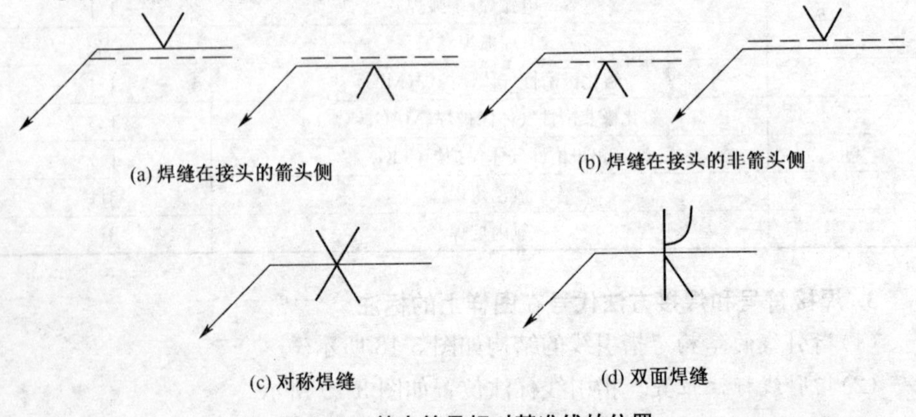

图 3-20 基本符号相对基准线的位置

(4)焊缝尺寸符号、数据、辅助符号及尾部符号的标注位置　焊缝尺寸符号、数据、辅助符号及尾部符号的标注位置如图 3-21 所示，焊接标识示例见表 3-8。

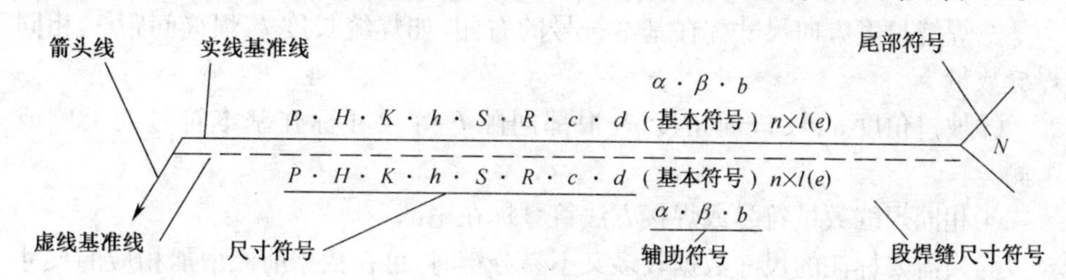

图 3-21　焊缝标注位置

表 3-8　焊接标识示例

焊缝形式	焊缝示意图	标注方法	焊缝符号意义
对接焊缝	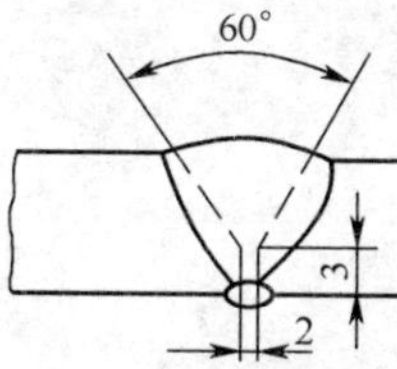	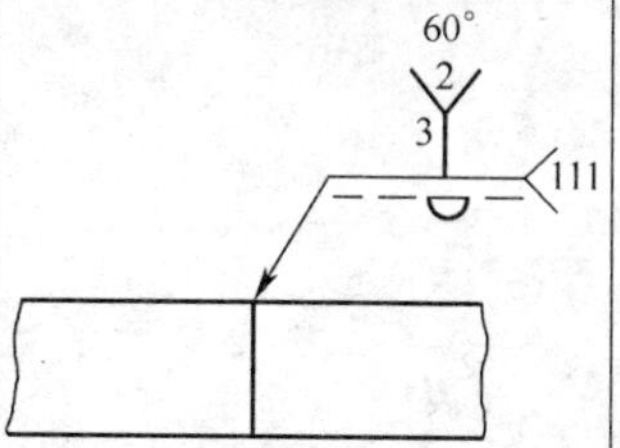	坡口角度为 60°，根部间隙为 2mm，钝边为 3mm 且封底的 V 形焊缝采用焊条电弧焊
角焊缝	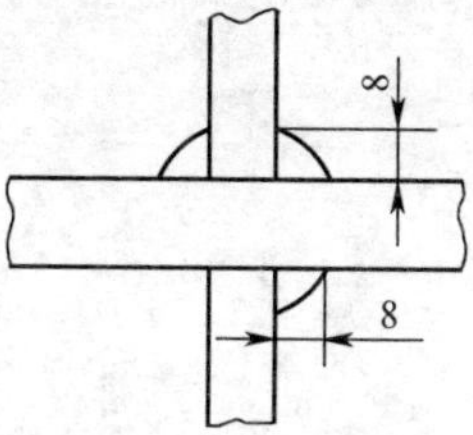	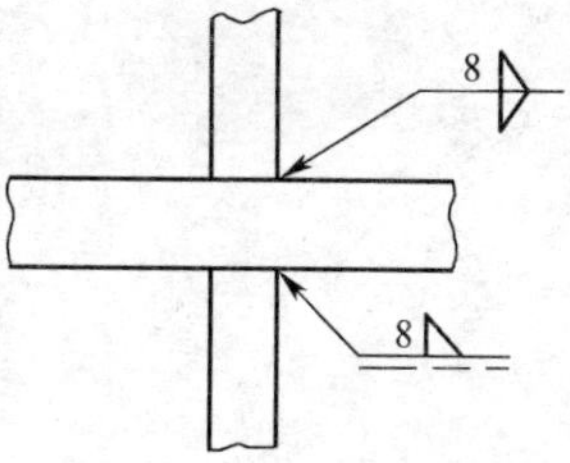	上面焊脚高度为 8mm 的双面角焊缝，下面焊脚高度为 8mm 的单面角焊缝
对接焊缝和角焊缝组合	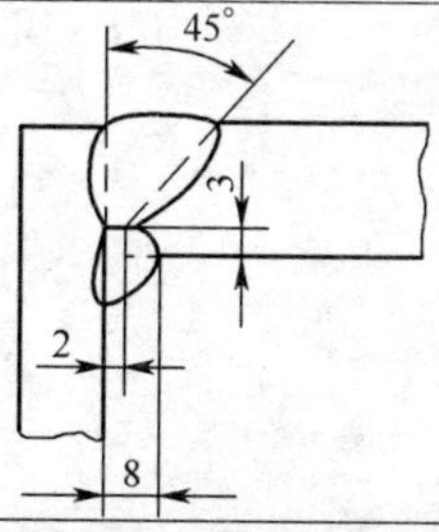	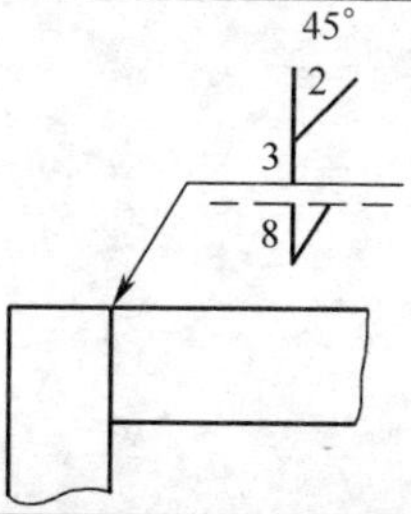	双面焊缝，上面是坡口面角度为 45°、钝边为 3mm、根部间隙为 2mm 的单边 V 形焊缝，下面是焊脚高度为 8mm 角焊缝
角焊缝	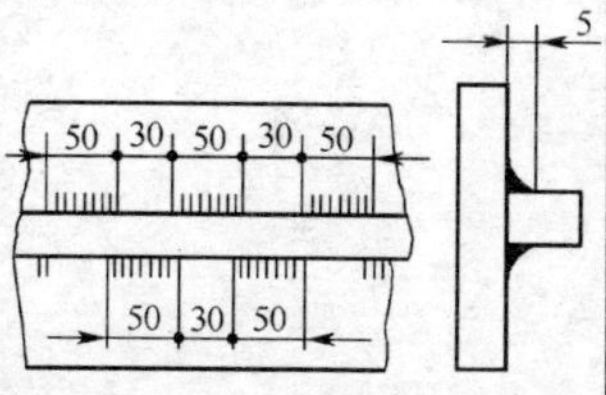	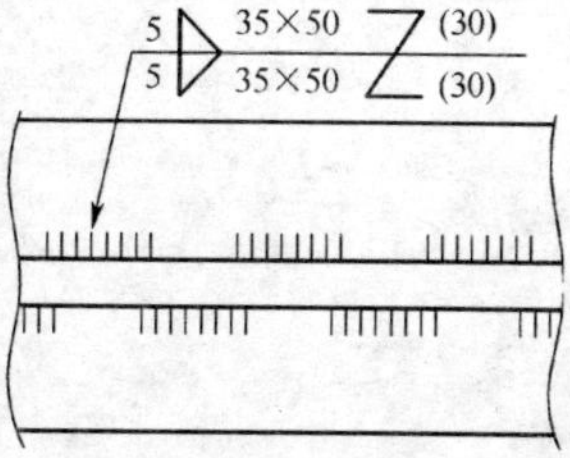	交错断续焊缝，焊脚高度为 5mm，共 35 段，每段焊缝长度为 50mm，每段焊缝间距为 30mm

①焊缝横截面上的尺寸标在基本符号的左侧，如钝边高度 p、坡口高度 H、焊角高度 K、焊缝余高 h、焊缝有效厚度 S、根部半径 R、焊缝宽度 c、熔核直径 d。

②焊缝长度方向尺寸标在基本符号的右侧，如焊缝长度 l、焊缝间距 e、相同焊缝数量 N。

③坡口角度 α、坡口面角度 β、根部间隙 b 等尺寸标在基本符号的上侧或下侧。

④相同焊缝数量符号或焊接方法符号标在尾部。

⑤当需要标注的尺寸数据较多又不易分辨时，可在数据前面增加相应的尺寸符号。

4 焊条电弧焊设备

4.1 焊条电弧焊电源

弧焊电源是指提供电流和电压，并具有适合于弧焊和类似工艺所要求的输出特性的设备，因此也称弧焊设备或弧焊机。

4.1.1 弧焊电源的外特性

在电弧稳定燃烧状态下，弧焊电源输出电压与输出电流之间的关系，称为弧焊电源的外特性，用来表示这一关系的曲线称为弧焊电源的外特性曲线，如图 4-1 所示。弧焊电源的外特性基本上分为平特性、下降外特性两种类型，下降外特性又分为缓降特性、陡降特性和垂降特性，如图 4-2 所示。平特性又称为恒压特性，垂降特性又称为恒流。

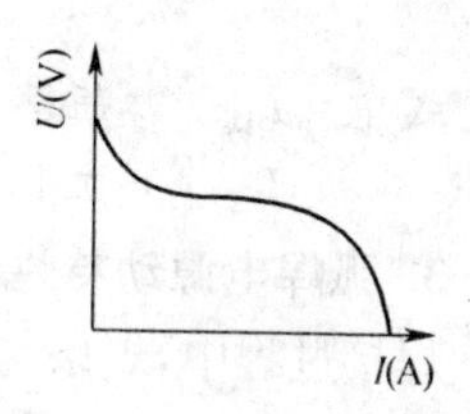

图 4-1 电源的外特性曲线

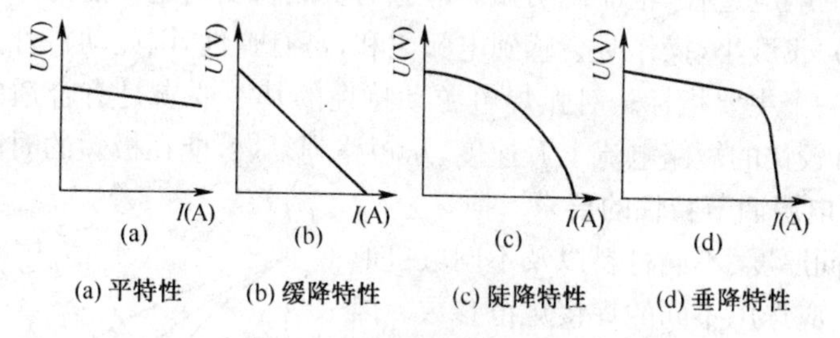

(a) 平特性 (b) 缓降特性 (c) 陡降特性 (d) 垂降特性

图 4-2 电源的外特性形状

4.1.2 弧焊电源的基本要求

焊条电弧焊对电源的基本要求是具有陡降的外特性，若采用垂降特性的电源，则焊接规范最稳定，电弧弹性最好，但其短路电流过小，将造成引弧困难、电弧推力小、熔深浅。因此，焊条电弧焊最好采用垂降带外拖特性的弧焊电源，如图 4-3 所示。

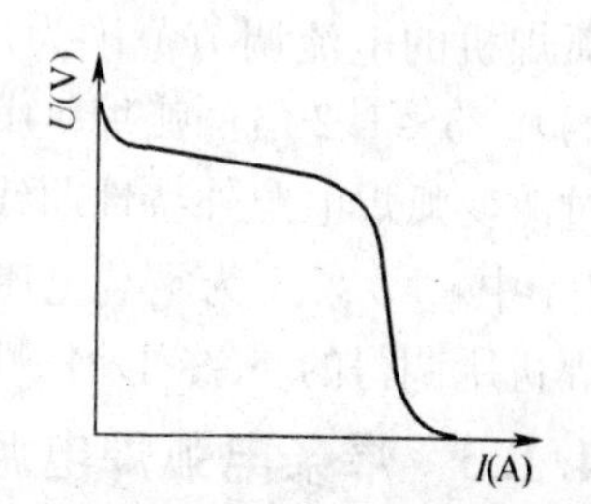

图 4-3 垂降带外拖特性的电源外特性示意图

1. 弧焊电源空载电压的要求

当焊机接通电网而输出没有接负载时，焊接电流为零，此时输出端的电压称为空载电压。焊接时，较高的空载电压引弧容易，燃烧稳定。但是空载电压也不宜过高，因为过高的空载电压不利于焊工的安全操作，并且制造焊机消耗的硅钢材也增多。确定空载电压应遵循的原则是保证引弧容易、电弧稳定燃烧、电弧功率稳定，有良好的经济性，保证人身安全等。因此，在满足焊接工艺要求，确保引弧容易和电弧稳定燃烧的前提下，空载电压应尽可能低。目前，焊条电弧焊电源空载电压一般为55～70V，整流器的空载电压一般为80V以下，弧焊发电机的空载电压一般为100V以下。

2. 弧焊电源短路电流的要求

当电极和焊件短路时电压为零，此时焊接电源输出的电流称为短路电流，在引弧和熔滴过渡时经常发生短路。如果短路电流过大，会使焊条过热、药皮脱落、飞溅增大；相反，如果短路电流太小，则会使引弧和熔滴过渡发生困难。短路电流值应满足以下要求：

$$1.25<I_{短}/I_{工}$$

式中 $I_{短}$——短路电流(A)；

$I_{工}$——工作电流(A)。

3. 弧焊电源动特性的要求

焊接过程中，焊条与焊件之间发生频繁的短路和重新引弧，如果焊机输出电流和电压不能适应电弧过程中的这些变化，电弧就不能稳定燃烧，很难得到良好的焊缝质量。弧焊电源的动特性就是指电弧负载状态发生变化时，弧焊电源输出电压与电流的响应过程，也即说明弧焊电源对负载瞬变的适应能力。动特性良好时，引弧容易，飞溅小，操作时会感到电弧柔和，富有弹性，因此动特性是衡量弧焊电源质量的一个主要指标。对弧焊电源动特性的基本要求是有合适的瞬时短路电流峰值，有较快的短路电流上升速度，从短路到复燃，能在极短的时间内完成。

4. 弧焊电源调节特性的要求

焊接不同厚度、不同材料以及不同坡口形式的焊件时，应选用不同的焊接规范参数。因此，焊接电源必须具有可调节性能。一般要求弧焊机的电流调节范围为焊机额定焊接电流的0.25～1.2倍。弧焊机中，电流的调节是通过改变弧焊电源外特性曲线位置来实现，如图4-4中，1、2、3为空载电压不变的情况下，弧焊机所调得的一系列外特性曲线。

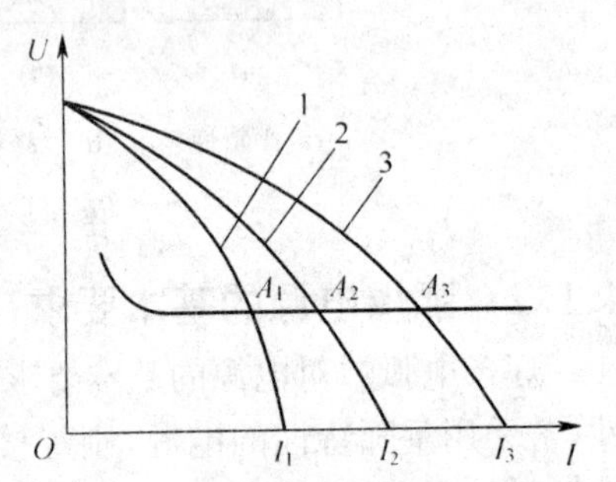

图4-4 焊条电弧焊电源的调节特性

4.1.3 焊条电弧焊电源种类及型号

1. 焊条电弧焊电源种类

焊条电弧焊电源可分为交流电源和直流电源。交流电源有弧焊变压器（交流弧焊机），直流电源有弧焊整流器（整流式直流弧焊机）、弧焊发电机（旋转式直流弧焊机）和弧焊逆变器（逆变式弧焊变压器）。

(1)交流弧焊电源　交流弧焊电源是一种特殊的降压变压器，具有结构简单、噪声小、价格便宜、使用可靠、维护方便等优点。交流弧焊电源分动铁心式和动圈式两种。动铁心式交流弧焊机(BX1－300)是目前应用较广的一种交流弧焊机，可将工业用的电压(220V 或 380V)空载时降低至 60～70V、电弧燃烧时降低至 20～35V，其电流调节是通过改变活动铁心的位置来进行，具体操作方法是转动调节手柄，并根据电流指示盘将电流调节到所需值。动圈式弧焊电源，则通过变压器的初级和次级线圈的相对位置来调节焊接电流的大小。

(2)直流弧焊电源　直流弧焊电源输出端有正、负极之分，焊接时电弧两端极性不变。弧焊机正、负极与焊条、焊件有两种不同的接线法，当焊件接到弧焊机正极，焊条接至负极时，这种接法称为正接，又称正极性；反之，当焊件接到负极，焊条接至正时称为反接，又称反极性。焊接厚板时，一般采用直流正接，这是因为电弧正极的温度和热量比负极高，采用正接能获得较大的熔深；焊接薄板时，为了防止烧穿，常采用直流反接，但使用碱性低氢钠型焊条时，均采用直流反接。

①旋转式直流弧焊机。旋转式直流弧焊机是由一台三相感应电动机和一台直流弧焊发电机组成，又称弧焊发电机。它的特点是能够得到稳定的直流电，因此，引弧容易，电弧稳定，焊接质量较好。但这种直流弧焊机结构复杂，价格比交流弧焊机贵得多，维修较困难，使用时噪声大。目前，这种弧焊机已停止生产。

②整流式直流弧焊机。整流式直流弧焊机的结构相当于在交流弧焊机上加上整流器，从而把交流电变成直流电，既弥补了交流弧焊机电弧稳定性不好的缺点，又比旋转式直流弧焊机结构简单，消除了噪声。因此，整流式直流弧焊机已逐步取代旋转式直流弧焊机。

③逆变式弧焊变压器。逆变是指将直流电变为交流电的过程，即通过逆变改变电源的频率，得到想要的焊接波形。其特点是提高了变压器的工作频率，使主变压器的体积大大缩小，方便移动；提高了电源的功率因数；有良好的动特性；飞溅小，可一机多用，可完成多种焊接。

2. 焊条电弧焊机型号

焊机是将电能转换为焊接能量的焊接设备，其型号表示方法如图 4-5 所示。

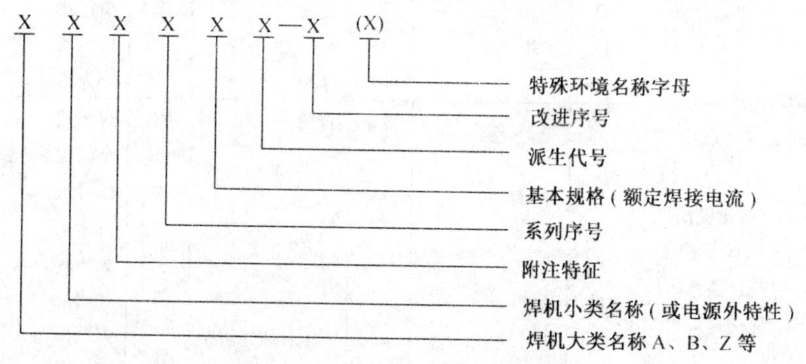

图 4-5　焊条电弧焊机的型号表示方法

其中前4位为焊机产品的符号代码，部分电弧焊机的符号代码见表4-1。

表4-1 部分电弧焊机的符号代码

产品名称	第一字母		第二字母		第三字母		第四字母	
	代表字母	大类名称	代表字母	小类名称	代表字母	附注特征	数字序号	系列序号
电弧焊机	B	交流弧焊机（弧焊变压器）	X	下降特性	L	高空载电压	省略	磁放大器或饱和电抗器式
							1	动铁心式
			P	平特性			2	串联电抗器式
							3	动圈式
							4	
							5	晶闸管式
							6	变换抽头式
	A	机械驱动的弧焊机（弧焊发电机）	X	下降特性	省略	电动机驱动	省略	直流
					D	单纯弧焊发电机	1	交流发电机整流
			P	平特性	Q	汽油机驱动	2	交流
					C	柴油机驱动		
			D	多特性	T	拖拉机驱动		
					H	汽车驱动		
	Z	直流弧焊机（弧焊整流器）	X	下降特性	省略	一般电源	省略	磁放大器或饱和电抗器式
							1	动铁心式
					M	脉冲电源	2	
							3	动线圈式
			P	平特性	L	高空载电压	4	晶体管式
							5	晶闸管式
							6	变换抽头式
			D	多特性	E	交直流两用电源	7	逆变式
	M	埋弧焊机	Z	自动焊	省略	直流	省略	焊车式
							1	
			B	半自动焊	J	交流	2	横臂式
			U	堆焊	E	交直流	3	机床式
			D	多用	M	脉冲	9	焊头悬挂式
	N	MIG/MAG焊机（熔化极惰性气体保护弧焊机/活性气体保护弧焊机）	Z	自动焊	省略	直流	省略	焊车式
							1	全位置焊车式
			B	半自动焊			2	横臂式
					M	脉冲	3	机床式
			D	点焊			4	旋转焊头式
			U	堆焊			5	台式
					C	二氧化碳保护焊	6	焊接机器人
			G	切割			7	变位式

续表 4-1

产品名称	第一字母		第二字母		第三字母		第四字母	
	代表字母	大类名称	代表字母	小类名称	代表字母	附注特征	数字序号	系列序号
电弧焊机	W	TIG 焊机	Z	自动焊	省略	直流	省略	焊车式
							1	全位置焊车式
			S	手工焊	J	交流	2	横臂式
							3	机床式
			D	点焊	E	交直流	4	旋转焊头式
							5	台式
			Q	其他	M	脉冲	6	焊接机器人
							7	变位式
							8	真空充气式

焊机型号举例：

AX—320："A"表示直流弧焊电源(弧焊发电机)，"X"表示下降外特性，"320"表示额定焊接电流 320A。

BX3—500："B"表示弧焊变压器，"X"表示下降外特性，"3"表示动圈式，"500"表示额定焊接电流为 500A。

ZX7—300S/ST："Z"表示弧焊整流器，"X"表示下降外特性，"7"表示变频式，"300"表示额定电流为 300A，"S"表示焊条电弧焊，"ST"表示焊条电弧焊、氩弧焊两用电源。

4.1.4 焊条电弧焊电源的铭牌

每台弧焊机出厂时，在焊机的明显位置上钉有焊机的铭牌，铭牌的内容主要有焊机的名称、型号、主要技术参数、绝缘等级、焊机制造厂、生产日期和焊机出厂编号等。其中，主要技术参数是焊接生产中选用焊机的主要依据。

1. 额定焊接电流

额定焊接电流是焊条电弧焊电源，在额定负载持续率条件下允许使用的最大焊接电流。负载持续率大，表明在规定的工作周期内，焊接工作时间延长了，焊机的温度就要升高。为不使焊机绝缘破坏，就要减小焊接电流。当负载持续率变小时，表明在规定的工作周期内，焊接工作的时间减少了，此时，可以短时提高焊接电流。当实际负载持续率与额定负载持续率不同时，焊条弧焊机的许用电流就会变化，其值可按下式计算：

$$许用焊接电流=额定焊接电流\times\sqrt{\frac{额定负载持续率}{实际负载持续率}}$$

焊机铭牌上列出了几种不同负载持续率所允许的焊接电流，弧焊变压器类和弧焊整流器类电源都是以额定焊接电流表示其基本规格。

2. 负载持续率

负载持续率是指弧焊电源负载的时间占选定工作时间周期的百分率，可用下式表示：

$$负载持续率=\frac{在选定工作时间周期中弧焊电源有负载的时间}{选定工作时间周期}\times 100\%$$

用负载持续率这一参数表示焊接电源的工作状态，是因为电弧焊电源的温升既与焊接电流的大小有关，也与电弧焊电源的工作状态有关，连续焊接和断续焊接时，电弧焊电源的升温是不一样的。我国标准规定，对于容量500A以下的焊条电弧焊电源，它的工作周期为5min，其中3min负载时间，2min用于换焊条、清渣，则该焊机的负载持续率为60%。

对于一台弧焊电源，随着实际焊接时间的增长，间歇的时间减少，负载持续率会增高，弧焊电源就容易发热升温，甚至烧损。所以，焊工开始焊接工作前，要看好焊机的铭牌，按负载持续率使用。

4.2 焊条电弧焊设备的选择及使用

4.2.1 焊条电弧焊电源的选用原则

1. 根据焊条药皮分类及电流种类选用焊机

当选用酸性焊条焊接低碳钢时，首先应该考虑选用交流弧焊变压器，如BX1—160、BX1—400、BX2—125、BX3—400等。

当选用低氢钠型焊条时，只能选用直流弧焊机反接法才能进行焊接，可以选用硅整流式弧焊整流器，如ZXG—160、ZXG—400等；晶闸管式弧焊整流器，如ZX5—250、ZX5—400等。

2. 根据焊接现场有无外接电源选用焊机

当焊接现场用电方便时，可以根据焊件的材质、焊件的重要程度选用交流弧焊变压器或各类弧焊整流器。当焊接为野外作业时，应选用柴油机驱动直流弧焊发电机，如AXC—160、AXC—400等；或选用越野焊接工程车。这两种焊机在野外作业时很方便，焊机随车行走，特别适合野外长距离架设管道的焊接。

3. 根据额定负载持续率下的额定焊接电流选用焊机

弧焊电源铭牌上所给出的额定焊接电流，是指在额定负载持续率下允许使用的最大焊接电流。弧焊电源的负荷能力受电气元器件允许使用的极限温升所制约，而温升既取决于焊接电流的大小，又与焊机负荷状态有关。例如，BX2—125焊机，在额定负载持续率为60%时，额定焊接电流为125A；在焊接过程中如果需要125A焊接电流的话，可选用BX2—160焊机，其焊接效率比用BX2—125焊机提高近1倍，因为BX2—160在焊接电流为125A时，负载持续率可达100%。

4. 根据经济能力选用焊机

在相同负载持续率和相同焊接值条件下，弧焊变压器的价格最便宜，其次是弧焊整流器，其价格是弧焊变压器的2倍，越野焊接工程车是弧焊变压器价格的14倍，AXD直流弧焊发电机价格是弧焊变压器价格的1～3倍。

5. 根据焊机的主要功能选用焊机

目前市场上的焊机品种很多，同一类焊接电源在功能上也各有所长，所以，选用焊接设备时，要注重该焊机的功能及特点。如长期使用酸性焊条焊接焊件，则应首选弧焊变压器；如使用低氢钠型焊条焊接焊件，就应准备弧焊发电机或弧焊整流器；当日常焊接生产中焊件既需用酸性焊条，又需用低氢钠型焊条焊接时，可选交直流两用硅整流式弧焊整流器，这样既能一机两用完成焊接任务，又可以节省费用。

4.2.2 焊条电弧焊电源的调节及使用

1. 弧焊变压器

（1）弧焊变压器分类　弧焊变压器通常称为交流弧焊机，是一种特殊的降压变压器，其基本原理与一般的变压器相同，但为满足焊接工艺要求，其具有下面的特点：有一定的空载电压和较大的电流；由于主要用于焊条电弧焊、埋弧焊等，具有下降的电源外特性；为满足不同的工艺要求，其电源外特性可调。弧焊变压器按获得陡降外特性的方法不同，可分为串联电抗器式弧焊变压器和增强漏磁式弧焊变压器两大类。

①串联电抗器式弧焊变压器可分为分体式和同体式两种。

分体式：变压器和电抗器是独立的个体（BN系列及BP—3×500多站式弧焊变压器）。

同体式：变压器和电抗器铁心组合成一体（BX2系列）。

②增强漏磁式弧焊变压器可分为动圈式、动铁心式和抽头式三种。

动圈式：在初、次级绕组间设置可动的磁分路，以增强和调节漏磁（BX3系列）。

动铁心式：通过调节初、次级绕组之间的距离增强漏磁（BX1系列）。

抽头式：通过绕组抽头将初、次级绕组分开而改变绕组匝数来调节漏磁（BX6—120型）。

BX3—300型弧焊变压器属于增强漏磁式类的动圈式弧焊变压器，没有活动铁心，磁路没有空隙，因没有动铁心振动而带来的噪声和小电流焊接时电弧不稳等不良影响，因此电弧稳定性比动铁心式好。但由于电流调节下限受到铁心高度的限制，一般适用于中等容量。

（2）动圈式弧焊变压器的结构特点　BX3—300型弧焊变压器有一个高而窄的铁心，在两侧的心柱上套有初级绕组和次级绕组，初级绕组和次级绕组各自分开缠绕。初级绕组制成匝数相等的两盘，固定在口字形铁心两心柱的底部；次级绕组也制成两部分，装在两铁心柱上部可动的支架上，如图 4-6 所示。转动手柄通过丝杠带动，可以上下调节改变初、次级绕组间的距离，从而调节焊接电流大小。初、次级绕组可分别接成串联（接法Ⅰ）和并联（接法Ⅱ）的形式。

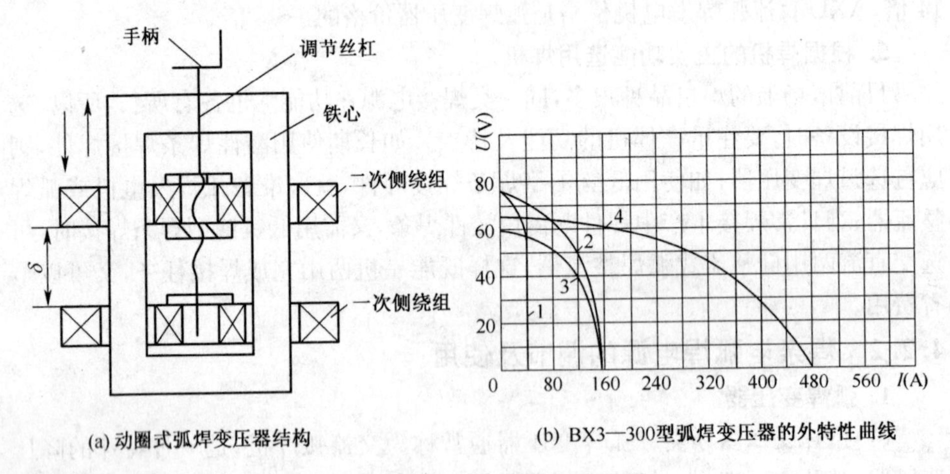

(a) 动圈式弧焊变压器结构　　(b) BX3—300型弧焊变压器的外特性曲线

图 4-6　BX3—300 型弧焊变压器

(3)动圈式弧焊变压器的电流调节　动圈式弧焊变压器是通过改变初、次级绕组的匝数进行粗调节，改变初、次级绕组的距离进行细调节。

①粗调节。电流的调节可按图 4-7 所示进行，当调节焊接电流范围为 40～125A 时（空载电压为 75V），应将电源转换开关转至接法Ⅰ的位置，使 2 与 5 接通，初级绕组为串联，同时将次级接线板连接为接法Ⅰ（用连接片将 0 与 8 接通），次级绕组也为串联，使得焊机总的漏磁通增大。若调节焊接电流范围为 115～400A 时（空载电压为 60V），将电源转换开关转到接法Ⅱ的位置，使 3 与 4 接通，同时将次级接线板相应连接为接法Ⅱ（用连接片将 8 与 9、0 与 7 接通），初、次级绕组均为并联，使焊机的漏磁通减小。

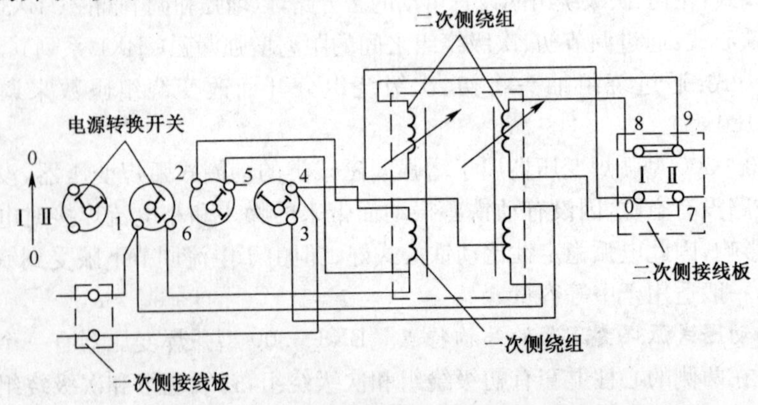

图 4-7　BX3—300 型弧焊变压器的电流调节

②细调节。在上述接法完成之后，可用改变初、次级绕组之间的距离进行电流细调节。当距离增大时，漏磁通增大，焊接电流就减小；反之，焊接电流增大。

2. 弧焊整流器

弧焊整流器是一种直流弧焊电源，以硅二极管、晶闸管、晶体管等为整流元件，将交流电整流转换成直流弧焊的电源。弧焊整流器有硅弧焊整流器、晶闸管式弧焊整流器及晶体管式弧焊整流器等。

最早使用的直流弧焊电源是直流弧焊发电机，随着性能优越的大容量硅二极管问世，使硅弧焊整流器应运而生，并逐步替代了直流弧焊发电机；随着科技的发展，大功率晶闸管的问世，同时集成电路技术的发展，具有耗材少、重量轻、节电、动特性及调节性能好的晶闸管式弧焊整流器问世，在许多工业发达的国家，已逐步代替了硅弧焊整流器。随着电子技术、大功率电子元件和集成电路的不断发展，国内外出现多种多样的新型弧焊电源，弧焊逆变电源就是其中一种。其采用电子电路控制，能获得弧焊工艺所需的外特性、调节性能、动特性和电压电流波形，而且高效、轻巧，被迅速推广并得到广泛使用。下面简要介绍 ZX5 型晶闸管整流弧焊机和逆变整流弧焊电源。

(1)ZX5 型晶闸管整流弧焊机

①组成。晶闸管整流弧焊机的组成如图 4-8 所示，主电路由三相主变压器 T、二极管组 VD、晶闸管组 VT、直流电抗器 L、控制电路、电源控制开关等部件组成。

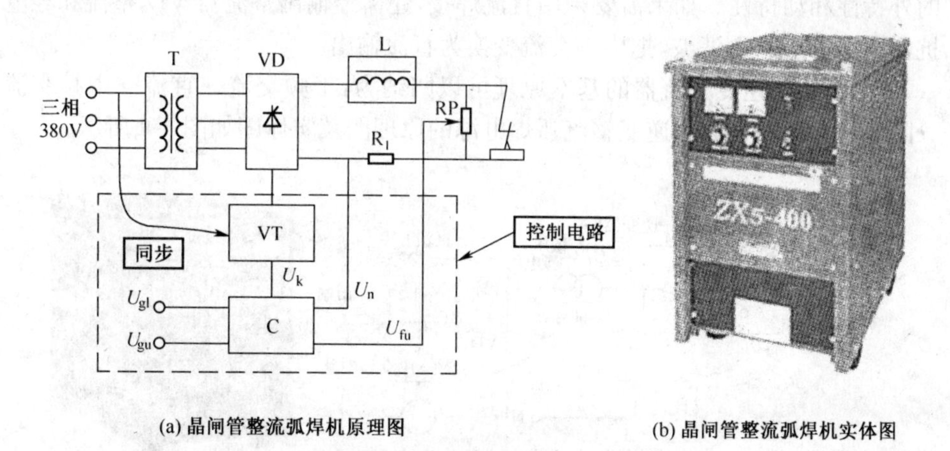

(a) 晶闸管整流弧焊机原理图　(b) 晶闸管整流弧焊机实体图

图 4-8 晶闸管整流弧焊机

②晶闸管整流弧焊机的主要特点。与硅弧焊整流器比较，ZX5 型晶闸管整流弧焊机的主要特点有：由于内部电感小得多，具有电磁惯性小、反应速度快、动特性好的特点；容易获得多种外特性并对其进行无级调节；用很小的触发功率来控制整流器的输出，并具有电磁惯性小的特点，因而控制性能好。与弧焊发电机比

较,没有机械损耗,而且空载电压可以较低,其效率、功率因数较高;电流、电压调节范围大;能有效地补偿电网电压波动和周围温度的影响。

(2)逆变整流弧焊电源　逆变整流弧焊电源(ZX7 系列)是一种新型节能弧焊电源,具有效率高、体积小、电弧稳定性好、有良好的动特性和焊接工艺性能、操作容易等优点,适用于焊条电弧焊、各种气体保护焊、等离子焊、埋弧焊,还可作为机器人弧焊电源。国产 ZX7 系列逆变整流弧焊电源的技术数据见表 4-2。

逆变整流弧焊电源主要由三相全波整流器、逆变器、中频变压器、低整流器、电抗器及电子控制电路等部件组成。

表 4-2　逆变整流弧焊电源的技术数据

产品型号	额定输入容量/kVA	一次侧电压/V	工作电压/V	额定焊接电源/A	焊接电流调节范围/A	负载持续率/%	重量/kg	主要用途
ZX7—250	9.2	380	30	250	50～250	60	35	用于焊条电弧焊或氩弧焊
ZX7—400	14	380	36	400	50～400	60	70	

①逆变整流弧焊电源的基本原理。单相或三相 50/60Hz 交流网路电压经输入整流器全波整流和滤波之后,再通过大功率电子元件(晶闸管、晶体管或场效应管)的交替开关作用,将直流变成几百赫兹至几千赫兹的中频交流电,再经中频变压器、整流器和电抗器降压、整流与滤波,就得到适合焊接的电压和电流,并通过电子控制电路和反馈电路(M、G、N 等组成)以及焊接回路的阻抗,获得弧焊所需的外特性和动特性。如果需要采用直流焊接,还需经输出整流器 VD_2 整流和经电抗器 L_2、电容器 C_2 滤波,把中频交流变换为直流输出。

简而言之,逆变整流器的基本原理可以归纳为:工频交流→直流→中频交流→降压→交流或直流。逆变整流弧焊电源的原理图及实体图如图 4-9 所示。

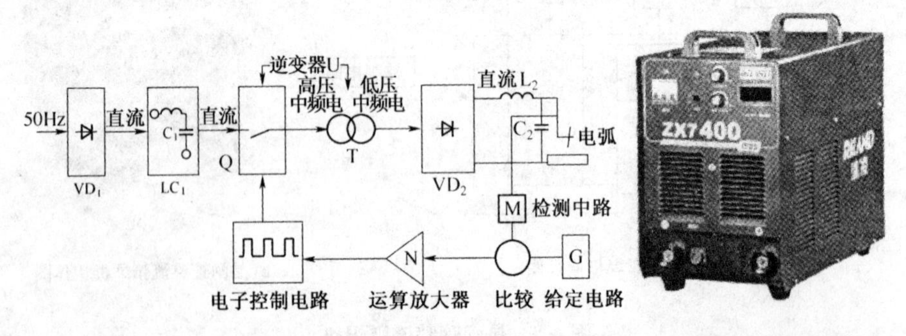

(a) 逆变整流弧焊电源原理图　　(b) 逆变弧焊电源实体图

图 4-9　逆变整流弧焊电源

②ZX7 系列晶闸管式逆变弧焊电源的主要特点。与其他类型直流弧焊电源相比晶闸管式逆变弧焊电源的主要特点有:取消了工频变压器,工作在高频下的

主变压器的重量还不到传统弧焊电源主变压器的 1/20,不仅节约了大量材料,而且减小了焊机的体积;逆变弧焊电源外特性具有外拖的陡降恒流曲线;正常焊接时,若电弧突然缩短电弧电压降至某一数值时,曲线外拖,输出电流增大,加速熔滴过渡,不发生焊条与焊件粘结现象,仍保持电弧稳定燃烧;装有数字电流调节系统和很强的电网波动补偿系统,焊接电流精度高;电源内的电子控制元件采用集成电路,维修方便。

对于焊条电弧焊而言,电弧静特性曲线的工作段为水平形状,要求用恒流加外拖或缓降特性的弧焊电源。用酸性焊条时,可选用弧焊变压器(动铁心式、动线圈式和抽头式);用碱性焊条时,可选用硅弧焊整流器、晶闸管式弧焊整流器、逆变弧焊电源或弧焊发电机。

4.2.3 焊接辅助设备

1. 电焊钳

①电焊钳的作用。电焊钳是焊接时用于夹持电焊条并把焊接电流传输至焊条进行电弧焊的工具。

②电焊钳的要求。电焊钳的钳口既要夹住焊条又要把焊接电流传输给焊条,钳口材料要求有高导电性和一定的机械强度,故用铜合金制造。为保证导电能力,要求焊钳与焊接电缆的连接必须紧密牢固;夹紧焊条的弹簧压紧装置要有足够的夹紧力,并且操作方便;焊工手握的绝缘柄及钳口外侧的耐热绝缘保护片,要求有良好的绝缘性能和强度;电焊钳总体要求轻便耐用。

③电焊钳使用中的注意事项。与电弧焊电源配套的电焊钳应按照电源的额定焊接电流大小选定;需要更换焊钳时,也应按照焊接电流及焊条直径大小选择适用的电焊钳;电焊钳与电缆的连接必须紧密牢固,保证导电良好,操作方便;使用中要防止电焊钳和焊件或焊接工作台发生短路;施焊时,注意焊条尾端剩余长度不宜过短,防止电弧烧坏电焊钳;使用电焊钳时要避免受重力撞击而损坏焊钳。

2. 焊接电缆

①焊接电缆的选择。焊接电缆是电弧焊机和电焊钳及焊条之间传输焊接电流的导线,应具有良好的导电性、柔软且易弯曲、绝缘性能好、耐磨损。专用焊接软电缆是用多股紫铜细丝制成导线,并外包橡胶绝缘。电缆的导电截面分为多个等级,电弧焊机应按照额定焊接电流选择电缆,如果有特殊要求需要加长焊接电缆的长度时,则应采用较大导电截面积的电缆,以免电流损失过大;反之,缩短电缆长度时,则可用较小截面积电缆以增加电缆的柔软性。

②焊接电缆使用中的注意事项。焊接电缆和电焊钳、电缆接头等的连接必须紧密可靠,防止烫坏、划破电缆外包绝缘,如果有损伤必须及时处理,保证绝缘效果不降低;焊接电缆使用时不可盘绕成圈状,以防产生感抗影响焊接电流;停止焊接时,应将电缆收放妥当。

③焊接电缆与焊机的连接。焊接电缆与电源的连接应导电良好、工作可靠、装拆方便。常用连接方法有使用快速接头和利用螺纹接线柱紧固连接。使用快速接头连接，装拆方便，接头两端分别装于焊机输出端和焊接电缆的一端，使用时将快速接头两端部装配旋紧，即可使电缆和焊机连接。另一种连接方法是将电缆接头和电缆线紧固连接好，使用时用螺柱把线接头与焊机输出接线片固定在一起，这种连接方法较为落后，装拆不便而且连接处绝缘防护不好。

5　焊条电弧焊

5.1　焊接电弧

5.1.1　焊条电弧焊的焊接过程

焊条电弧焊是利用焊条与工件之间建立起来的稳定燃烧的电弧，使焊条和工件熔化，从而获得牢固焊接接头的工艺方法。焊接过程中，药皮不断地分解、熔化而生成气体及熔渣，保护焊条端部、电弧、熔池及其附近区域，防止大气中有害物质对熔化金属的腐蚀。焊条芯也在电弧热作用下不断熔化，进入熔池，组成焊缝的填充金属 。焊条电弧焊过程如图 5-1 所示。

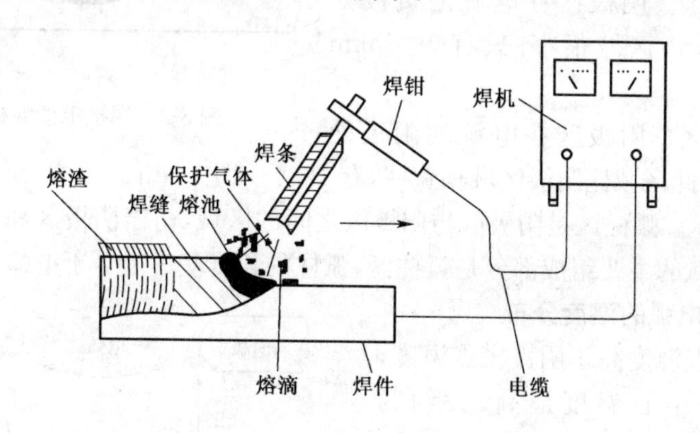

图 5-1　焊条电弧焊过程

5.1.2　焊条电弧焊的工艺特点

焊条电弧焊是指手工操作焊条进行焊接的电弧焊方法，有时也称手弧焊。与其他电弧焊方法相比，其工艺特点如下。

1. 焊条电弧焊的优点

①设备简单，操作灵活方便，适应性强。不受场地和焊接位置的限制，在焊条能达到的地方一般都能施焊，这些都是焊条电弧焊被广泛应用的重要原因。

②可焊接金属材料广。除难熔或极易被氧化的金属外，焊条电弧焊几乎能焊接所有金属。

③对接头的装配质量要求较低。焊接过程中，电弧由施焊者手工控制，可通过及时调整电弧位置和运条速度等修改焊接参数，降低了对接头的装配质量要求。

2. 焊条电弧焊的缺点

①焊接生产效率低、劳动强度大。与其他焊接方法相比，焊接电流小，且每焊完一根焊条后必须更换焊条，焊后还需清渣，生产效率低、劳动强度大，且弧光强、烟尘大。

②焊缝质量对人依赖性强。由于采用手工操作焊条进行焊接，所以对焊工的操作技能、工作态度及现场发挥等都有要求，焊接质量在很大程度上取决于焊工的操作水平。

5.1.3　焊接电弧的构造和温度

1. 焊接电弧的构造

焊接电弧主要由阴极区、阳极区和弧柱区三部分组成。焊接电弧的构造如图5-2所示。

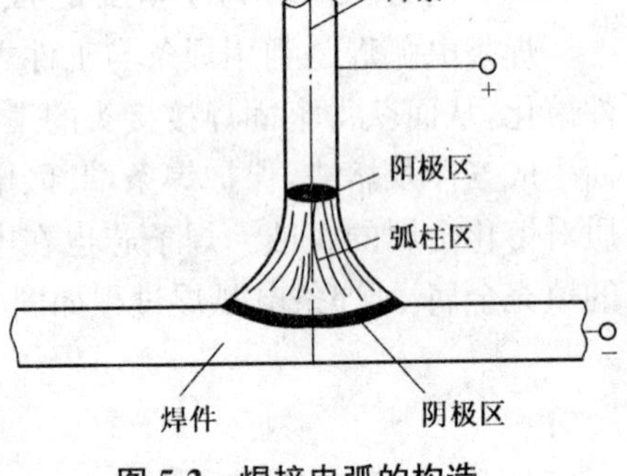

图 5-2　焊接电弧的构造

①阴极区。阴极区在电源的负极处（直流正接），该区域很窄，只有 10^{-4} mm 左右。

②阳极区。阳极区在电源的阳极处（直流正接），此区域比阴极区域稍宽些，有 10^{-2}～10^{-3} mm。

③弧柱区。弧柱区是阴极区与阳极区之间的区域，由于阴极区和阳极区都很窄，所以，电弧的主要组成部分是弧柱区，弧柱的长度基本上等于电弧长度。

2. 焊接电弧的温度分布

阳极斑点温度高于阴极斑点温度，电弧弧柱的中心温度最高，大约为5000℃，离开弧柱中心，温度逐渐降低。

3. 电弧电压

焊接过程中，电弧两端之间的电压降称为电弧电压。电弧电压由阴极压降、阳极压降以及弧柱压降三部分组成。当弧长一定时，电弧电压的分布如图5-3所示。

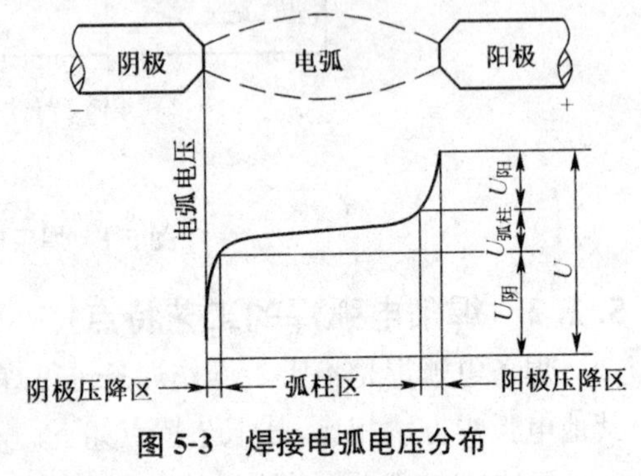

图 5-3　焊接电弧电压分布

当电极材料、气体介质一定时，焊接电弧的阴极压降和阳极压降为一常数，所以，电弧电压只与电弧长度有关，即焊接电弧长度增加，电弧电压增加；焊接电弧长度减小，电弧电压也减小。

5.1.4　焊接电弧的静特性

1. 焊接电弧的静特性曲线

在电极材料、气体介质和弧长一定的条件下，电弧稳定燃烧时，焊接电流与电弧电压的关系，称为焊接电弧的静特性，一般也称伏-安特性，表示这种关系的曲线，就称为焊接电弧的静特性曲线。焊接电弧静特性曲线如图 5-4 所示。

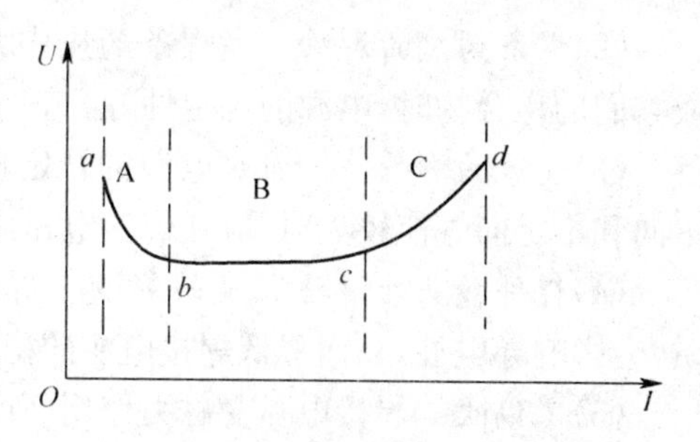

图 5-4 焊接电弧静特性曲线

电弧静特性曲线呈 U 形，分为三部分：

在 A 区部分：当焊接电流增大时，电弧电压迅速下降，称为下降特性区。

在 B 区部分：随着焊接电流的增加，电弧电压基本保持不变，称为水平特性区。

在 C 区部分：当焊接电流进一步增大时，电弧电压升高，称为上升特性区。

2. 不同焊接方法的电弧静特性

(1)焊条电弧焊　由于焊接时焊接电流值受到限制，其静特性曲线无 C 区部分，焊接电弧工作在水平区。

(2)钨极惰性气体保护焊　当采用小电流焊接时，电弧电压在电弧静特性曲线的下降区；当采用大电流焊接时，电弧电压在电弧静特性曲线的水平区。

(3)细丝熔化极气体保护焊　由于熔化极内电流密度加大，电弧电压在电弧静特性曲线的上升区。

(4)埋弧焊　用正常的焊接电流密度焊接时，电弧电压在焊接静特性曲线的水平区；当增大焊接电流密度时，电弧电压在电弧静特性曲线的上升区。

3. 影响焊接电弧静特性的因素

(1)电弧长度对电弧静特性的影响　焊接过程中电弧长度的改变，主要是弧柱长度发生变化。当弧柱的压降增加时，电弧电压将增加，电弧静特性曲线将上移；反之，电弧长度缩短时，电弧静特性曲线将下移。所以，同一种焊接方法，电弧静特性曲线不止一条。

(2)气体介质种类　当焊接电弧周围气体介质的物理性质不同时，会对电弧电压产生显著的影响。

(3)气体介质压力　焊接过程中，气体介质压力增大，将使电弧电压升高，此时电弧静特性曲线将向上移动。

5.1.5 焊接电弧的稳定性

焊接过程中，电弧在不产生断弧、飘移和磁偏吹的情况下，保持稳定燃烧的程度称为电弧稳定性。电弧在燃烧过程中是否稳定，与多种因素有关，除焊工操作技术水平外，还有以下几个方面的原因。

(1)弧焊电源的影响　直流焊接电源要比交流焊接电源的稳定性好。

(2)焊条药皮的影响 当焊条药皮中含有较多易电离的元素(K、Na、Ca 等)或它们的化合物时,电源的稳定性好。

(3)气流的影响 气流对电源的稳定性影响很大,当自然风力较大或容器内定向和不定向气流较大时,应在焊接电弧周围加挡风装置或停止焊接。

(4)焊件接头处清洁程度的影响 焊件接头处若有氧化皮、油污、水分等杂质,会影响导电性,从而降低焊接电源的稳定性。

(5)磁偏吹 焊接电弧受磁力作用而产生飘移的现象,称为电弧磁偏吹,是由于直流电所产生的磁场在电弧周围分布不均匀而造成。电弧磁偏吹使焊接电弧的稳定性变得很差,直接影响焊接质量。

造成焊接电弧磁偏吹的因素有以下几种:

①焊接电缆线位置不正确引起的电弧磁偏吹。

②铁磁物质引起的电弧磁偏吹。

③焊条与焊件的位置不对称引起的电弧磁偏吹。

解决焊接电弧磁偏吹的方法有以下几种:

①改变焊件上的接地线部位,尽可能做到使弧柱周围的磁力线分布均匀。

②在焊缝的起始端和终止端各加一块小附加钢板,即引弧板和引出板,可减小或消除电弧在焊缝端部起弧与收尾处电弧磁偏吹现象。

③在焊接过程中,适当调节焊条角度,使焊条向偏吹一侧倾斜。

④为了减小电弧磁偏吹,可以适当减小焊接电流,因为磁偏吹的大小与焊接电流大小有直接关系。增加焊接电流,无法克服磁偏吹。

⑤采用短弧焊接,以增加电弧的挺度,减小电弧磁偏吹。

⑥选用交流弧焊电源焊接,电弧磁偏吹现象比直流电源小得多。

5.2 焊接参数

焊接参数是指焊接过程中为保证焊接质量而选定的各个参数。

5.2.1 焊接电源的选择

选用焊接电源时,要满足:适当的空载电压、陡降的外特性、焊接电流大小可以灵活调节等基本要求。

根据焊条药皮类型决定焊接电源的种类。除低氢钠型焊条必须采用直流反接电源外,直流电源焊接厚板时,采用直流正接法;焊接薄板时,必须选用直流焊接电源反接法。

5.2.2 焊接极性的选择

1. 焊接电源的极性

焊件接电源正极、焊钳接电源负极的接线法称为直流正接;焊件接电源负极、焊钳接电源正极的接线法称为直流反接，如图 5-5 所示。交流弧焊变压器的输出电极无正、负极之分。

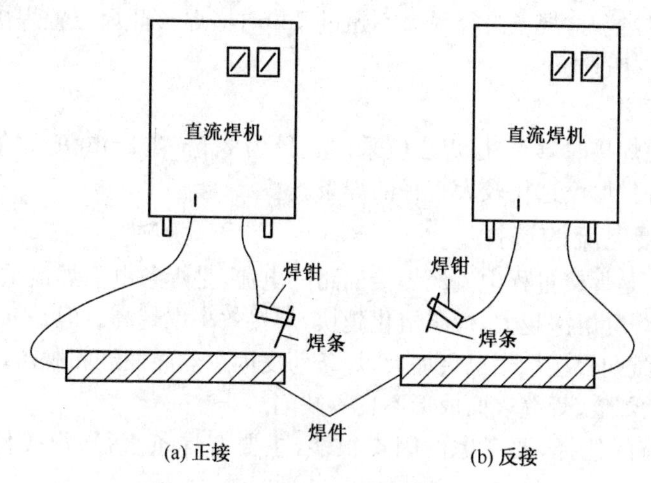

图 5-5 直流焊接电源的正接与反接

2. 焊接电源极性的应用

①酸性焊条用交流电源焊接。

②低氢钾型焊条，可以用交流电源进行焊接，也可以用直流电源反接法进行焊接。

③酸性焊条用直流焊接电源焊接时，厚板宜采用直流正接法焊接，薄板宜采用直流反接法焊接。

④当使用低氢钠型焊条焊接时，必须使用直流焊接电源反接法焊接。

3. 直流电源极性的鉴别方法

①采用低氢钠型焊条。

②采用炭棒试焊。

③采用直流电压表鉴别。

5.2.3 焊条直径的选择

焊条直径可以根据焊件的厚度、焊缝所在的空间位置、焊件坡口形式等进行选择。

1. 焊件厚度

焊条直径与焊件厚度之间的关系见表 5-1。

表 5-1 焊条直径与焊件厚度之间的关系 (mm)

焊条直径	1.5	2	2.5～3.2	3.2	3.2～4	3.2～5
焊件厚度	≤1.5	2	3	4～5	6～12	>13

2. 焊接位置

不同焊接位置对焊条的选用也有要求。平焊位置焊接时，焊条直径要大一些；立焊位置焊接时，焊条直径最大不超过 5mm；横焊及仰焊位置焊接时，所用的焊条直径不应超过 4mm。

3. 焊接层次

多层焊道焊接时，第一层焊道应采用直径为 2.5～3.2mm 的焊条，以后各层焊道可根据焊件厚度选用较大直径的焊条。

5.2.4 焊接电流的选择

焊接电流是焊接过程中流经焊接回路的电流，是焊条电弧焊最重要的焊接参数。焊接时，焊缝熔深越大，焊条熔化越快，焊接效率也越高。但是如果焊接电流过大，焊接飞溅和焊接烟尘也会加大，焊条药皮因过热而发红和脱落，焊缝容易出现咬边、烧穿、焊瘤、焊缝表面成形不良等缺陷。

焊接电流的选择，要考虑的因素很多，主要有焊条直径、焊接位置、焊接电流等。

1. 焊条直径

焊条直径越大，焊条熔化所需的热量越大，焊条直径与焊接电流的关系见表 5-2。

表 5-2　焊条直径与焊接电流的关系

焊条直径/mm	焊接电流/A	焊条直径/mm	焊接电流/A
1.6	25～40	3.2	80～120
2.0	40～70	4.0	150～200
2.5	50～80	5.0	180～260

2. 焊接位置

平焊位置焊接时，选择偏大些的焊接电流。非平焊位置焊接时，应比平焊时的焊接电流小，立焊、横焊的焊接电流比平焊焊接电流小 10%～15%，仰焊焊接电流比平焊焊接电流小 15%～20%，角焊缝的焊接电流比平焊焊接电流稍大。不锈钢焊接时，焊接电流应选择允许值的下限。

3. 焊接电流

打底层焊道焊接时，电流应偏小些。填充层焊道焊接时，通常都使用较大的焊接电流；盖面层焊缝焊接时，使用的焊接电流可稍小些。此外，定位焊时，对焊缝焊接质量的要求与打底层焊缝相同。

5.2.5 电弧电压的选择

焊条电弧焊的电弧电压，是指焊接电弧两端（两电极）之间的电压，其值大小取决于电弧的长度。电弧长，电弧电压高；电弧短，电弧电压低。如果电弧过长，则会出现焊接电弧不稳定、焊缝易咬边、易产生气孔等缺陷。

焊接时电弧长度允许在1～6mm之间变化，焊接过程中的电弧电压大小，完全由操作者通过控制焊接电弧的长度来保证。

5.2.6　焊接层数的选择

中厚板焊接，为了保证焊透，需要在焊前开坡口，然后用焊条电弧焊进行多层焊或多层多道焊，每层的焊道厚度不应大于4～5mm。多层焊和多层多道焊如图5-6所示。

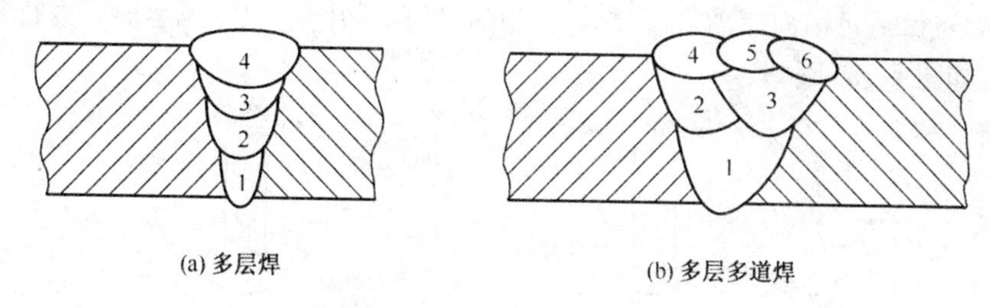

图5-6　多层焊和多层多道焊

1、2、3…6——各焊道的顺序号

5.2.7　焊接热输入

焊接热输入是指熔焊时由焊接能源输入给单位长度焊缝上的热能，其计算公式如下：

$$q=\eta IU/v$$

式中　q——单位长度焊缝的热输入(J/mm)；

I——焊接电流(A)；

U——电弧电压(V)；

v——焊接速度(mm/s)；

η——热效率(焊条电弧焊时，$\eta=0.7\sim0.8$)。

低碳钢的焊条电弧焊，一般不规定热输入；低合金钢和不锈钢焊接工艺应规定热输入量。

5.3　焊条电弧焊操作技能

5.3.1　焊条电弧焊基本操作技能

焊条电弧焊的基本操作技能是引弧、运条、焊道的连接和焊缝的收尾。

1. 引弧

焊条电弧焊施焊时，使焊条引燃焊接电弧的过程，称为引弧。常用的引弧方法有划擦法、直击法两种，如图5-7所示。

(1)划擦法

①优点。易掌握,不受焊条端部清洁情况(有无熔渣)限制。

②缺点。操作不熟练时,易损伤焊件。

③操作要领。类似划火柴。先将焊条端部对准焊缝,然后将手腕扭转,使焊条在焊件表面上轻轻划擦,划的长度以 20～30mm 为佳,以减少对工件表面的损伤,然后将手腕扭平后迅速将焊条提起,使弧长约为所用焊条外径 1.5 倍,做"预热"动作(即停留片刻),其弧长不变,预热后将电弧压短至与所用焊条直径相符,在始焊点做适量横向摆动,且在起焊处稳弧(即稍停片刻)以形成熔池后进行正常焊接,如图 5-7a 所示。

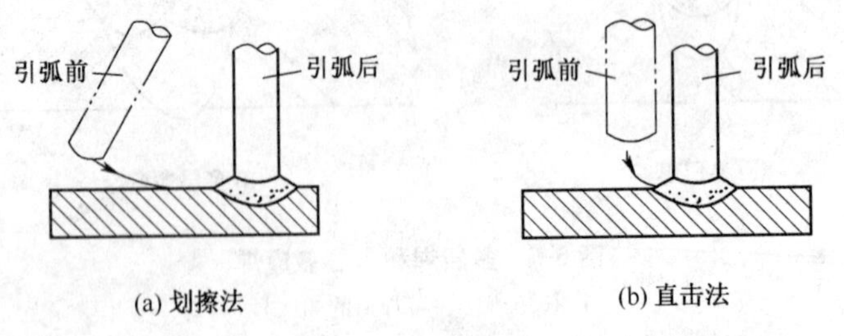

图 5-7　引弧方法

(2)直击法

①优点。直击法是一种理想的引弧方法,适用于各种位置引弧,不易碰伤工件。

②缺点。受焊条端部清洁情况限制,用力过猛时药皮易大块脱落,造成暂时性偏吹,操作不熟练时,焊条易粘于工件表面。

③操作要领。焊条垂直于焊件,使焊条末端对准焊缝,然后将手腕下弯,使焊条轻碰焊件,引燃后,手腕放平,迅速将焊条提起,使弧长约为焊条外径 1.5 倍,稍作"预热"后,压低电弧,使弧长与焊条内径相等,且焊条横向摆动,待形成熔池后向前移动,如图 5-7b 所示。

(3)引弧注意事项　影响电弧顺利引燃的因素有:工件清洁度、焊接电流、焊条质量、焊条酸碱性、操作方法等。

①注意清理工件表面油污、杂物,以免影响引弧及焊缝质量。

②引弧前应尽量使焊条端部焊芯裸露,若不裸露可用锉刀轻锉,或轻击地面。

③焊条与焊件接触后,提起时间应适当。

④引弧时,若焊条与工件出现粘连,应迅速使焊钳脱离焊条,以免烧损弧焊电源。待焊条冷却后,用手将焊条拿下。

⑤引弧前应夹持好焊条,然后使用正确的操作方法进行焊接。

⑥初学引弧,要注意防止电弧光灼伤眼睛。对刚焊完的焊件和焊条头不要用手触摸,也不要乱丢,以免烫伤和引起火灾。

2. 运条

焊接过程中，焊条相对焊缝所做的各种动作称为运条。在正常焊接时，焊条一般有三个基本运动相互配合，即沿焊条中心线向熔池送进、沿焊接方向移动、焊条横向摆动（平敷焊练习时焊条可不摆动），如图5-8所示。

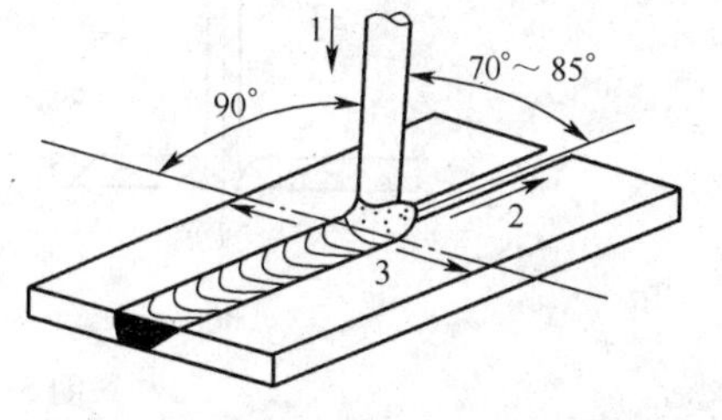

图5-8 焊条的角度与基本运动

（1）焊条的送进　沿焊条的中心线向熔池送进（图5-8中方向1），主要用来维持所要求的电弧长度和向熔池填充金属。焊条送进速度应与焊条熔化速度相适应，如果焊条送进速度比焊条熔化速度慢，电弧长度会增加；反之，如果焊条送进速度太快，则电弧长度会迅速缩短，焊条与焊件接触造成短路，从而影响焊接过程的顺利进行。

长弧焊接时所得焊缝质量较差，因为电弧易左右飘移，使电弧不稳定，电弧的热量散失，焊缝熔深变浅，并且由于空气侵入易产生气孔，所以在焊接时应选用短弧。

（2）焊条纵向移动　焊条沿焊接方向移动（图5-8中方向2），目的是控制焊道成形，若焊条移动速度太慢，则焊道会过高、过宽，外形不整齐，如图5-9a所示，焊接薄板时甚至会发生烧穿等缺陷。若焊条移动太快则焊条和焊件熔化不均造成焊道较窄，甚至发生未焊透等缺陷，如图5-9b所示。只有速度适中时才能得到表面平整，焊波细致而均匀的焊缝，如图5-9c所示。焊条沿焊接方向移动的速度由焊接电流、焊条直径、焊件厚度、装配间隙、焊缝位置以及接头形式来决定。

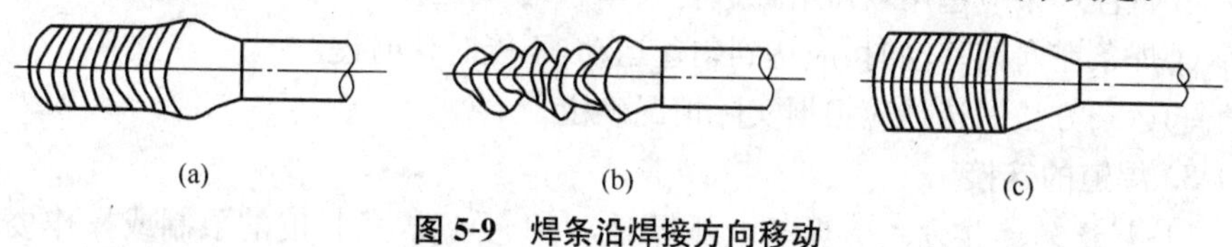

图5-9 焊条沿焊接方向移动

（3）焊条横向摆动　焊条横向摆动（图5-8中方向3），主要是为了获得一定宽度的焊缝和焊道，也是对焊件输入足够的热量以及排渣、排气等。其摆动范围与焊件厚度、坡口形式、焊道层次和焊条直径有关，摆动的范围越宽，则得到的焊缝宽度也越大。

为了控制好熔池温度，使焊缝具有一定的宽度和高度及良好的熔合边缘，对焊条的摆动可采用多种方法。

（4）焊条角度　焊接时工件表面与焊条所形成的夹角称为焊条角度。焊条角度的选择应根据焊接位置、工件厚度、工作环境、熔池温度等来选择，如图5-10所示。

（5）运条时几个关键动作及作用

①焊条角度。掌握好焊条角度是为控制熔化金属与熔渣很好地分离，防止熔

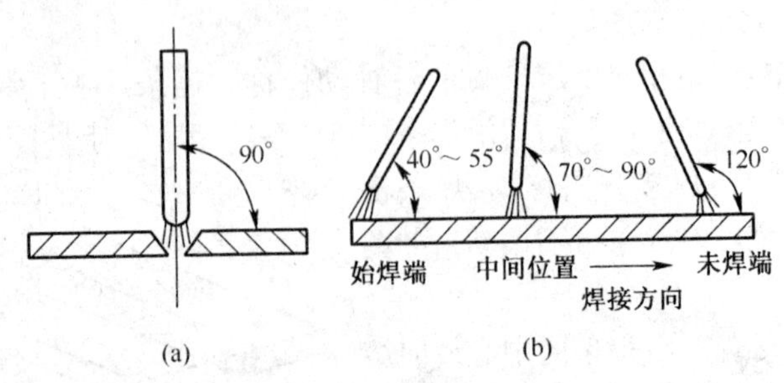

图 5-10　焊条角度

渣超前和控制一定的熔深。立焊、横焊、仰焊时，还有防止熔化金属下坠的作用。

②横摆动作。横摆是保证两侧坡口根部与每个焊波之间相互很好地熔合及获得适量的焊缝熔深与熔宽。

③稳弧动作。稳弧是电弧在某处稍加停留，其作用是保证坡口根部很好熔合，增加熔合面积。

④直线动作。保证焊缝直线敷焊，并通过变化直线速度控制每道焊缝的横截面面积。

⑤焊条送进动作。主要是控制弧长，添加焊缝填充金属。

(6)运条时注意事项

①焊条运至焊缝两侧时应稍作停顿，并压低电弧。

②直线、送进、横摆运行时要有规律，应根据焊接位置、接头形式、焊条直径与性能、焊接电流大小以及技术熟练程度等因素来掌握。

③碱性焊条应选用较短电弧进行操作。

④焊条在向前移动时，应达到匀速运动，不能时快时慢。

⑤运条方法的选择应根据实际情况确定。

3. 焊道的连接

(1)焊道的连接方式　焊条电弧焊时，由于受到焊条长度的限制或操作姿势的变化，不可能一根焊条完成一条焊缝，因而出现了焊道前后两段的连接。焊道连接一般有以下几种方式：

①后焊焊缝的起头与先焊焊缝的结尾相接，如图 5-11a 所示。

②后焊焊缝的起头与先焊焊缝的起头相接，如图 5-11b 所示。

③后焊焊缝的结尾与先焊焊缝的结尾相接，如图 5-11c 所示。

④后焊焊缝的结尾与先焊焊缝的起头相接，如图 5-11d 所示。

(2)焊道连接注意事项

①接头时引弧应在弧坑前 10mm 任何一个待焊面上进行，然后迅速移至弧坑处画圈进行正常施焊。

②接头时应认真清理前一道焊缝端部的焊渣，必要时可对接头处进行修整，

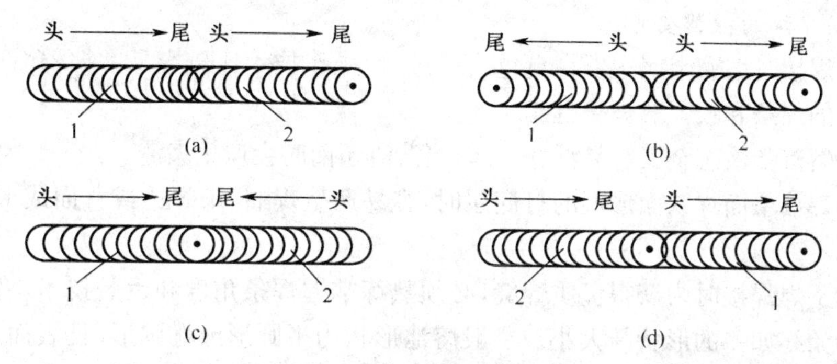

图 5-11 焊缝接头的四种情况

这样有利于保证接头的质量。

4. 焊缝的收尾

焊接时电弧中断和焊接结束，都会产生弧坑，常出现疏松、裂纹、气孔、夹渣等现象。为了克服弧坑缺陷，就必须采用正确的收尾方法，一般常用的收尾方法有以下三种。

(1)画圈收尾法 焊条移至焊缝终点时，做圆圈运动，直到填满弧坑再拉断电弧。此法适用于厚板收尾，如图 5-12a 所示。

(2)反复断弧收尾法 焊条移至焊缝终点时，在弧坑处反复熄弧、引弧数次，直到填满弧坑为止。此法一般适用于薄板和大电流焊接，不适用于碱性焊条，如图 5-12b 所示。

(3)回焊收尾法 焊条移至焊缝收尾处即停住，并改变焊条角度回焊一小段，即由位置 1 转到位置 2，再到位置 3。此法适用于碱性焊条，如图 5-12c 所示。

收尾方法的选用还应根据实际情况来确定，可单项使用，也可多项结合使用。无论选用何种方法都必须将弧坑填满，达到无缺陷为止。

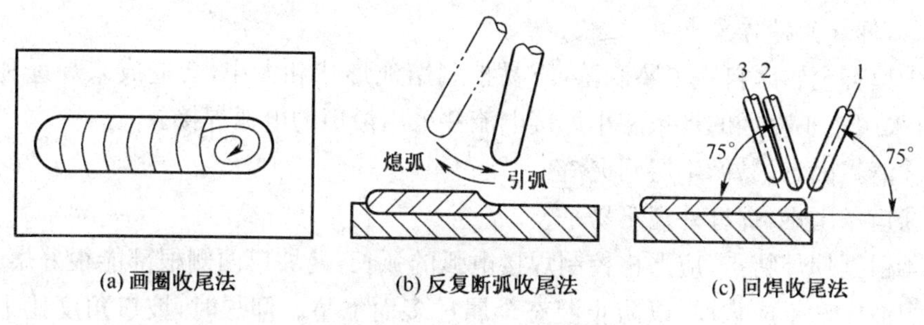

图 5-12 焊缝的收尾方法

5. 各种焊接位置的特点

各种焊接位置的操作有共同的特点，但由于熔滴、熔池等在不同位置受重力的影响不同，在操作手法上也有所不同。

(1)平焊的操作要点

①焊接时熔滴金属主要靠自重自然过渡,操作技术比较容易掌握,允许用较大直径的焊条和较大的焊接电流。

②熔渣和液态金属容易混在一起,当溶渣超前时会产生夹渣。

③焊接单面焊双面成形的打底层时,容易产生焊瘤、未焊透或背面成形不良等缺陷。

④平焊焊接时为获得优质焊缝,必须熟练掌握焊条角度和运条技术,将熔池控制为始终如一的形状与大小。一般熔池形状为平圆形或椭圆形,且表面下凹,焊条移动速度不宜过慢。

(2)横焊的操作要点

①液态金属因自重易下坠,会造成未熔合和夹渣,宜采用较小直径的焊条,短弧焊接。

②液态金属与熔渣易分离。

③采用多层多道焊可以防止液态金属下坠。

④根据横焊的特点,在焊接时由于上坡口温度高于下坡口,所以在上坡口处不做稳弧动作,而是迅速带至下坡口根部做轻微的横拉稳弧动作。若坡口间隙小,可增大焊条倾角;反之,则减小焊条倾角。

(3)立焊的操作要点

①液态金属和熔渣因自重下坠易分离,但熔池温度过高,液态金属易下坠形成焊瘤。

②易掌握焊透情况,但表面易咬边,不易焊得平整,焊缝成形差。

③根据立焊的特点,焊接时焊条角度应向下倾斜60°~80°,电弧指向熔池中心,焊接电流应较小,以控制熔池温度。

(4)仰焊的操作要点

①液态金属因自重下坠滴落,不易控制熔池形状和大小,会造成未焊透和凹陷,宜采用较小直径的焊条和小焊接电流并采用最短的电弧焊接。

②清渣困难,易产生层间夹渣。

③运条困难,焊缝外观不易平整。

④根据仰焊特点,应严格控制焊接电弧的弧长,使坡口两侧根部能很好熔合,并且焊波厚度不应太厚,以防止液态金属过多而下坠。仰焊时,坡口角度比平焊略大,焊接坡口第一层的焊条与坡口两侧成90°,与焊接方向成70°~80°,用最短的电弧做前后摆动,熔池温度过高时可以使温度降低。焊接其余各层时,焊条横摆并在两侧做稳弧动作。

5.3.2 厚度 $\delta \geqslant 6$mm 的低碳钢板或低合金钢板对接平焊(I 形坡口)

对接平焊是在平焊位置上焊接对接接头的一种焊接方法。熔池处于水平位置,便于施焊者观察熔池温度和形状,操作比较容易,但如果操作不当,会出现烧穿、焊瘤、夹渣等缺陷。I 形坡口板对接平焊是板状焊件、管状焊件各种焊接位置操作的基础。

下面以材质为 Q235,6mm×100mm×300mm 钢板的对接平焊为例进行介绍。

1. 焊前准备

(1)焊接设备　ZX7—400 型。

(2)焊接材料　E4303(J422),直径 3.2mm。

(3)试件清理　焊前将焊道两侧 20mm 内的油污、水、锈等清理干净,露出金属光泽。

(4)试件装配　定位焊缝如图 5-13 所示,装配间隙为 1～3mm。

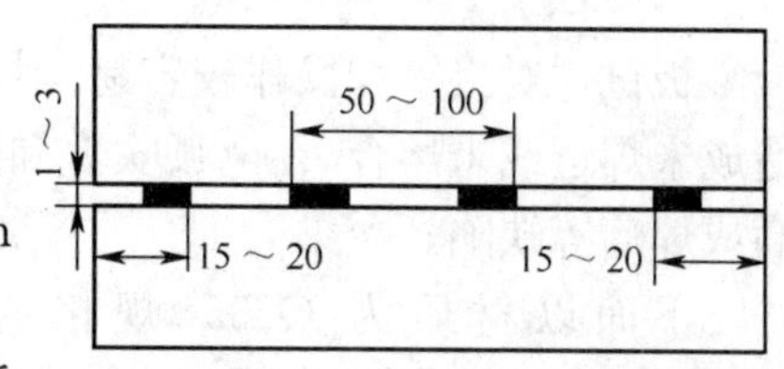

图 5-13　装配及定位焊

2. 焊接参数(表 5-3)

表 5-3　I 形坡口板对接平焊焊接参数

焊道分布	焊接层次	焊接电流/A	焊条直径/mm
	正面焊缝	90～120	3.2
	背面焊缝		

3. 操作要领

(1)起头　在距焊件端部 10mm 处引燃电弧,稍拉长预热 1～2 秒,待起焊端充分熔化后,压低电弧,再进行正常焊接。

(2)运条　直线形运条,短弧连续焊接,焊条角度如图 5-14 所示。为获得较大的熔深和宽度,运条速度要慢些。操作中如熔渣与熔化金属混合不清,可把电弧稍拉长一些,同时将焊条向焊接方向倾斜,并往熔池后面推送熔渣,熔渣将被推到熔池后,如图 5-15 所示,这样能减少焊接缺陷,维持焊接的正常进行。

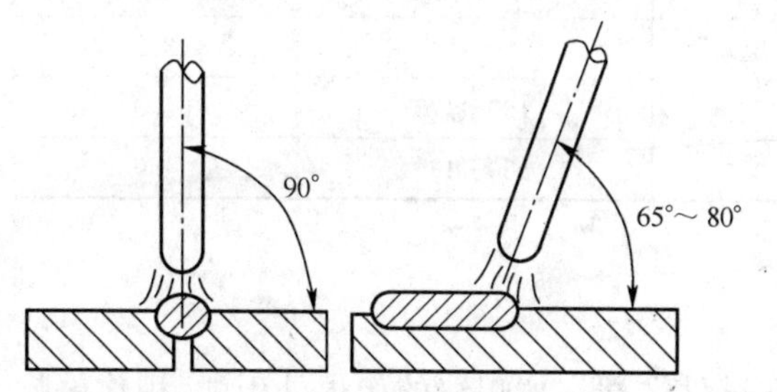

图 5-14　板对接平焊焊接角度

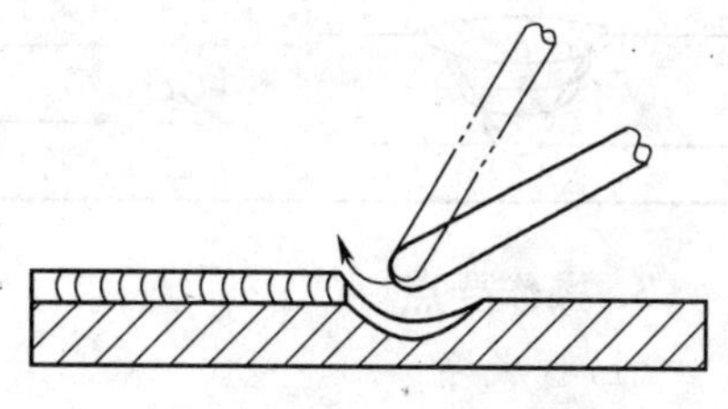

图 5-15　推送熔渣的方法

(3)接头　在弧坑前 10～20mm 处引燃电弧，稍拉长电弧，直线回拉到弧坑 2/3 处，不做停留，然后按照正常的焊接方法进行焊接。

(4)收尾　采用反复断弧法，填满弧坑。在正面焊完之后，接着进行反面封底焊。焊接之前，应清除焊渣。当用直径 3.2mm 的焊条焊接时，电流可稍大，运条速度稍快，以熔透为原则。

5.3.3　厚度 δ＝8～12mm 的低碳钢板或低合金钢板对接平焊(V 形坡口)

板试件对接平焊操作较容易。打底焊时，熔孔不易观察和控制，焊缝背面易造成未焊透或未熔合，在电弧吹力和熔化金属的重力作用下，焊道背面易产生超高或焊瘤等缺陷。

下面以材质为 Q235，规格为 12mm×125mm×300mm 钢板的对接焊为例进行介绍。

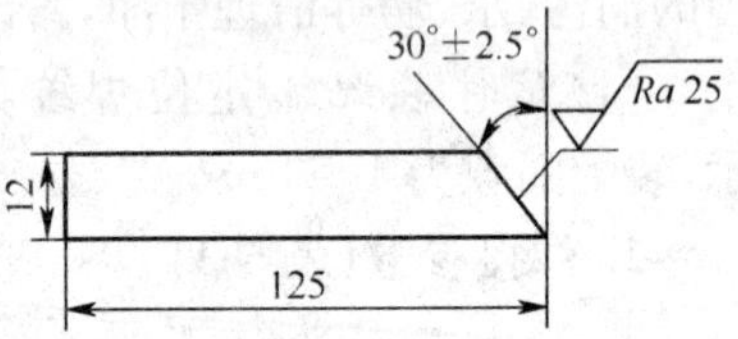

30°±2.5°
Ra 25
12
125

图 5-16　坡口形式

1. 焊前准备

(1)坡口形式　V 形坡口 60°±5°，钝边0～0.5mm，如图 5-16 所示。

(2)焊接设备　ZX7—400 型，直流反接。

(3)焊接材料　E5015(J507)，直径 3.2mm、4.0mm。

(4)试件清理　将焊道正、反两侧 20mm 内及坡口面，用角向磨光机将油污、水、锈等清理干净，露出金属光泽。

(5)试件组对

①试件正面两端 20mm 内定位焊，采用与正式焊接相同的焊接材料。

②对接间隙，始焊端 3.2mm，末焊端 4.0mm。

③反变形 3°～4°，错边量不大于 1mm。

2. 主要焊接参数

V 形坡口板对接平焊主要焊接参数见表 5-4。

表 5-4　V 形坡口板对接平焊焊接参数

焊道分布	焊接层次	焊接电流/A	焊条直径/mm
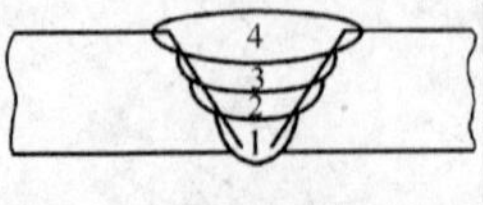 4 3 2 1	打底层(第 1 层)	80～85	3.2
	填充层(第 2、3 层)	160～170	4.0
	盖面层(第 4 层)	160～165	4.0

3. 操作要点

(1)打底焊

①引弧位置。打底层始焊时，在试件左端定位焊缝的始焊处引弧，稍作停顿预热，横向摆动向右施焊。当电弧到达定位焊右侧前沿时，下压焊条，将坡口根部

熔化并击穿，形成熔孔。

②焊接。采用短弧、连续焊法，锯齿形运条，坡口两侧停顿。焊接过程不应有明显熔孔出现，要保证熔池形状大小均匀一致，如图 5-17 所示。熔孔的大小可通过改变焊接速度、摆动频率和焊条角度来调整。焊条与试件之间的角度如图 5-18 所示。

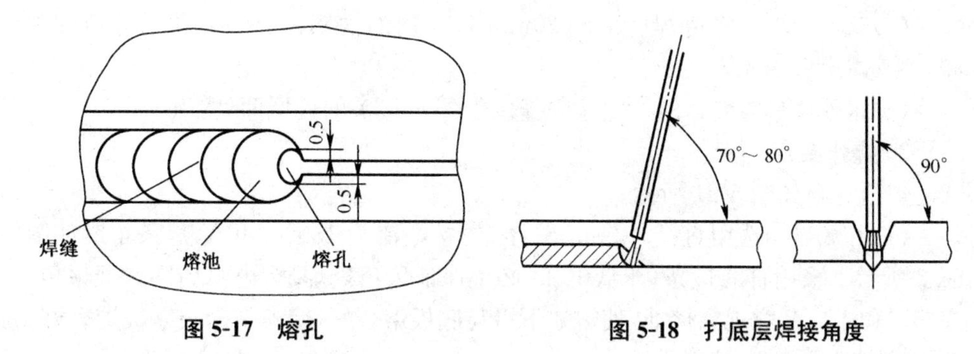

图 5-17 熔孔　　图 5-18 打底层焊接角度

③焊道接头。接头前收弧时，焊条回拉 10～15mm，接头处呈斜面状。焊道接头采用热接法或冷接法。采用冷接法时，将弧坑处打磨成缓坡后再焊接。

(2)填充焊

①填充层施焊前，先清除前道焊缝的焊渣、飞溅，并将焊缝接头过高的部分打磨平整。

②填充层焊接时的焊条角度如图 5-19 所示。填充焊与打底焊相比，焊条摆动幅度要大些，在坡口两侧停留时间要稍长，保证焊道平整并略下凹，第二道填充层焊缝厚度低于母材表面 0.5～3mm。

③填充焊接头方法，如图 5-20 所示。在弧坑前 10mm 处引弧，焊至弧坑处，沿弧坑形状将弧坑填满(不需下压电弧)之后，再正常施焊。

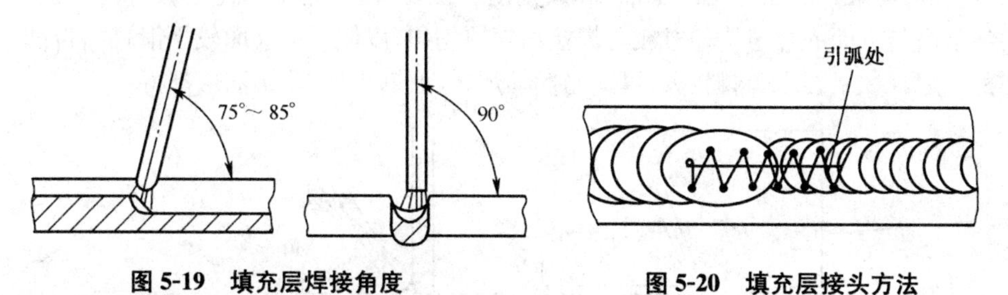

图 5-19 填充层焊接角度　　图 5-20 填充层接头方法

(3)盖面焊

①盖面层施焊时，焊条角度、运条和接头方法与填充焊相同。

②焊条摆动幅度和运条速度均匀一致，熔合好坡口两侧棱边，每侧增宽 0.5～1.5mm。

5.3.4　厚度$\delta=8\sim12$mm低碳钢板或低合金钢板角接接头或T形接头焊接

1. 焊前准备

(1)试件尺寸材质　材质:Q235;尺寸:150mm×80mm×12mm。

(2)焊接材料及设备　焊条:E4303,直径3.2mm;焊接设备:BX3—300。

(3)试件清理　将待焊区两侧20mm范围内的铁锈、油污、氧化物等清理干净,使其露出金属光泽。

(4)试件装配与定位焊　定位焊缝位于T形接头的首尾两处。

2. 操作要点

焊道分布如图5-21所示。

(1)打底焊　选用直径3.2mm焊条,焊接电流为130～140A,焊条角度如图5-22所示。采用直线运条,压低电弧,必须保证顶角处焊透,电弧始终对准顶角。焊接过程中应注意观察熔池,使熔池下沿与底板熔合好,熔池上沿与立板熔合好,并使焊脚对称。

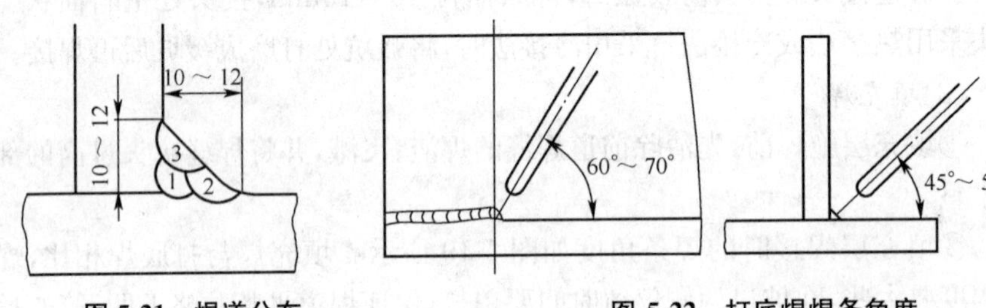

图5-21　焊道分布　　图5-22　打底焊焊条角度

(2)盖面焊　盖面焊前应将打底层清理干净,焊条角度如图5-23所示。焊盖面层下面的焊道时,电弧应对准打底层焊道的下沿,直线运条。焊盖面层上面的焊道时,电弧应对准打底层焊道的上沿,焊条稍横向摆动,使熔池上沿与立板平滑过渡,溶池下沿与下面的焊道均匀过渡。焊接速度要均匀,以便形成表面较平滑且略带凹形的焊缝。如果要求焊脚较大,可适当摆动焊条,如锯齿形、斜圆圈形都可。

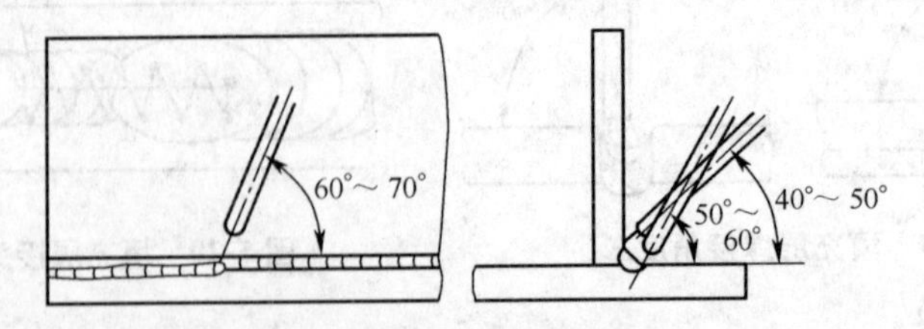

图5-23　盖面焊焊条角度

5.3.5　管径$\phi\geqslant60$mm的低碳钢管水平转动对接焊

管件在水平位置下焊接,由全位置变为平焊或爬坡焊的位置,对焊工的操作和焊缝成形都十分有利。

1. 焊前准备

(1)试件及坡口尺寸　材质:20 号钢;试件尺寸:ϕ108mm×8mm;坡口尺寸如图 5-24 所示。

(2)焊接材料及设备　焊条:E4303,直径 2.5mm/3.2mm;焊接设备:BX3—300。

(3)焊接参数　焊接参数见表 5-5。

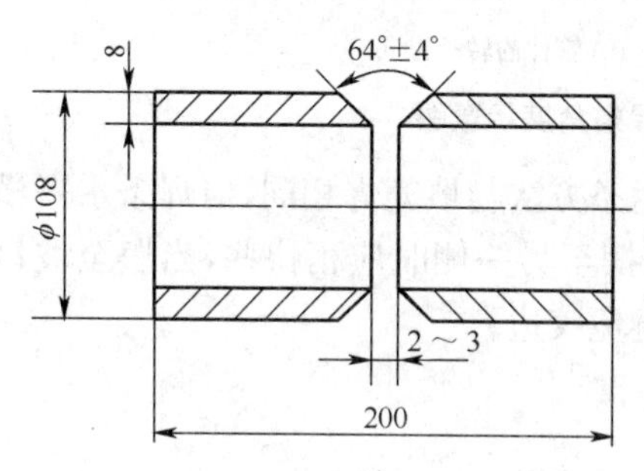

图 5-24　管道水平转动焊对口简图

表 5-5　焊接参数

层次	焊条直径/mm	焊接电流/A
打底层	2.5	60～80
填充层	3.2	90～120
盖面层	3.2	90～110

(4)试件清理　将坡口及两侧 20mm 范围内的铁锈、油污、氧化物等清理干净,使其露出金属光泽。

(5)试件装配与定位焊　组对间隙:2～3 mm;错边量:不大于 1 mm;钝边:0.5～1 mm;定位焊:定位焊缝位于管道截面上相当于“10 点钟”和“2 点钟”的位置,每处定位焊缝长度为 10～15mm。

2. 操作要点

(1)打底焊　打底焊道为单面焊双面成形,既要保证坡口根部焊透,又要防止烧穿或形成焊瘤,因此采用断弧焊,其操作手法与钢板平焊基本相同。选用直径 2.5mm 焊条,焊接电流为 60～80A。操作时,从管道截面上相当于“10 点半钟”的位置起,进行爬坡焊,每焊完一根焊条转动一次管子,把接头的位置转到管道截面上相当于“10 点半钟”的位置。焊条角度如图 5-25 所示。焊条伸进坡口内使 1/4～1/3 的弧柱在管内燃烧,以熔化两侧钝边,使熔孔深入两侧母材 0.5mm。更换焊条进行焊缝中间接头时,采用热焊法,与钢板平焊相同。

在焊接过程中,经过定位焊缝时,只需将电弧向坡口内压送,以较快的速度通过定位焊缝,过渡到坡口处进行施焊即可。

(2)填充焊　填充焊采用连弧焊进行焊接。施焊前应将打底层的熔渣、飞溅清理干净。选用直径 3.2mm 的焊条,焊接电流为 90～120A,焊条角度与打底焊相同。其他注意事项与钢板平焊相同。

(3)盖面焊　盖面焊缝要满足焊缝几何尺寸要求,外形美观,与母材圆滑过渡,无缺陷。施焊前应将填充层的熔渣、飞溅清理干净。选用直径 3.2mm 焊条,

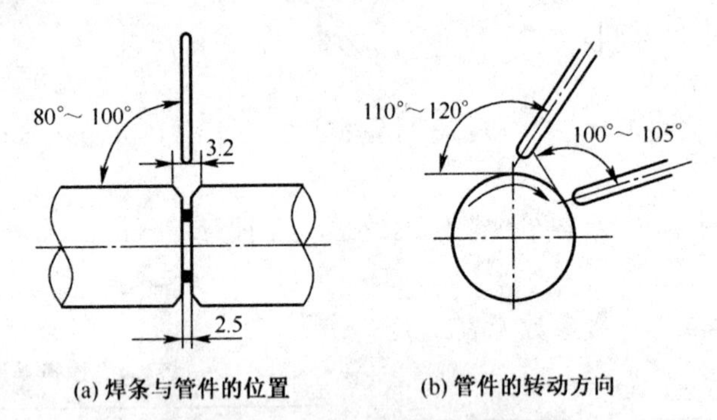

(a) 焊条与管件的位置　　(b) 管件的转动方向

图 5-25　水平转动焊焊条角度示意图

焊接电流为 90～110A。施焊时焊条角度、运条方法与填充焊相同，但焊条水平横向摆动的幅度应比填充焊更宽，电弧从一侧摆至另一侧时应稍快些，当摆至坡口两侧时，电弧应进一步缩短，并稍作停顿以避免咬边。

6　气焊与气割

6.1　气焊及设备

6.1.1　气焊原理

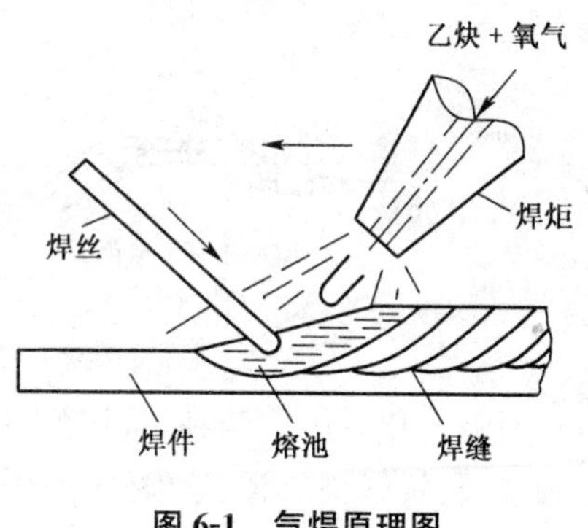

图 6-1　气焊原理图

气焊是利用可燃气体与助燃气体混合燃烧后产生的高温火焰对金属材料进行熔化焊的一种方法。如图 6-1 所示，将乙炔和氧气在焊炬中混合均匀后，从焊嘴喷出燃烧火焰，将焊件和焊丝熔化后形成熔池，待冷却凝固后形成焊缝连接。

气焊所用的可燃气体很多，有乙炔、氢气、液化石油气、煤气等，而最常用的是乙炔气。乙炔气的发热量大，燃烧温度高，制造方便，使用安全，焊接时火焰对金属的影响最小，火焰温度高达 3100℃～3300℃。氧气作为助燃气，其纯度越高，耗气越少。因此，气焊也称为氧乙炔焊。

6.1.2　气焊的特点及应用

①火焰对熔池的压力及对焊件的热输入量调节方便，故熔池温度、焊缝形状和尺寸、焊缝背面成形等容易控制。

②设备简单，移动方便，操作易掌握，但设备占用生产面积较大。

③焊炬尺寸小，使用灵活。由于气焊热源温度较低，加热缓慢，生产率低，热量分散，热影响区大，焊件有较大的变形，接头质量不高。

④适于各种位置的焊接。气焊适于焊接 3mm 以下的低碳钢、高碳钢薄板、铸铁焊补以及铜、铝等有色金属的焊接。在无电或电力不足的情况下，气焊则能发挥更大的作用，常用气焊火焰对工件、刀具进行淬火处理，对紫铜皮进行回火处理，并矫正金属材料和净化工件表面等。此外，由微型氧气瓶和微型熔解乙炔气瓶组成的手提式或肩背式气焊气割装置，在旷野、山顶、高空作业中应用十分广泛。

6.1.3　气焊设备

气焊所用设备及其连接，如图 6-2 所示。

1. 焊炬

焊炬俗称焊枪。焊炬是气焊中的主要设备，其构造多种多样，但基本原理相同。焊炬是气焊时用于控制气体混合比、流量及火焰并进行焊接的手持工具。焊

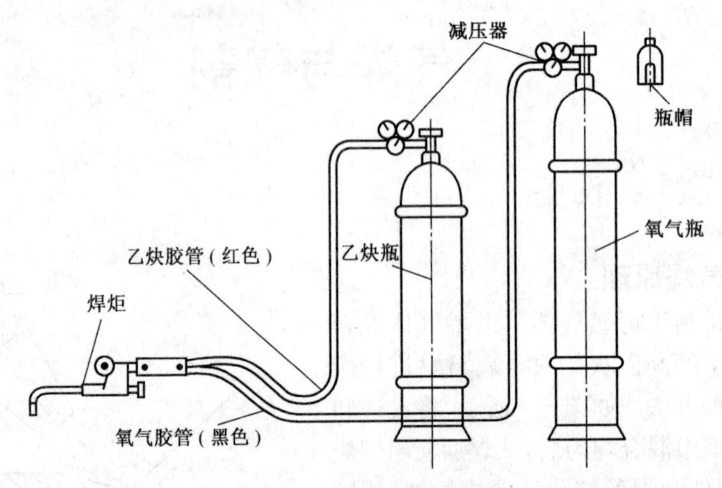

图 6-2 气焊设备及其连接

炬有射吸式和等压式两种，常用的是射吸式焊炬，如图 6-3 所示。它是由手柄、乙炔调节阀、氧气调节阀、喷射管、喷射孔、混合室、混合气体通道、焊嘴、乙炔管接头和氧气管接头等组成。它的工作原理是：打开氧气调节阀，氧气经喷射管从喷射孔快速射出，并在喷射孔外围形成真空而造成负压（吸力）；再打开乙炔调节阀，乙炔即聚集在喷射孔的外围，由于氧射流负压的作用，乙炔很快被氧气吸入混合室和混合气体通道，并从焊嘴喷出，形成了焊接火焰。

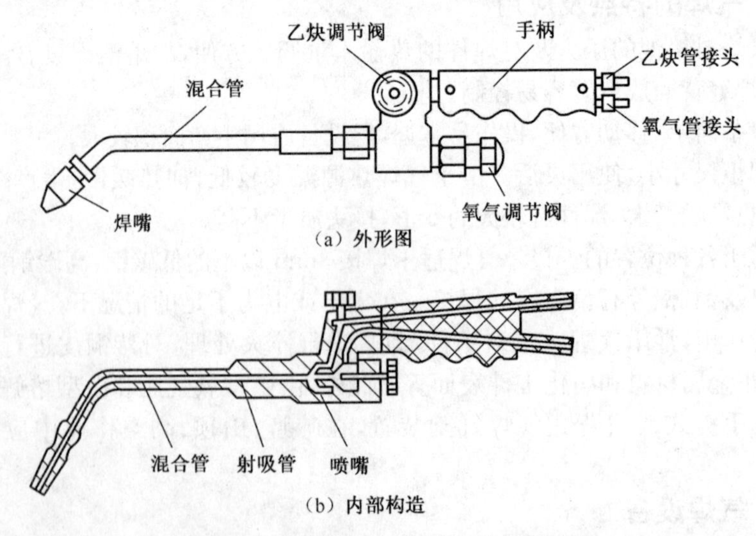

图 6-3 射吸式焊炬外形图及其内部构造

常用射吸式焊炬的型号有 H01—2 和 H01—6 等。各型号的焊炬均备有 5 个大小不同的焊嘴，可供焊接不同厚度的工件使用。表 6-1 为 H01 型焊炬的基本参数。

表 6-1 射吸式焊炬型号及其参数

型号	焊接低碳钢厚度/mm	氧气工作压力/MPa	乙炔使用压力/MPa	可换焊嘴个数	焊嘴直径/mm				
					1号	2号	3号	4号	5号
H01—2	0.5～2	0.1～0.25	0.001～0.10	5	0.5	0.6	0.7	0.8	0.9
H01—6	2～6	0.2～0.4			0.9	1.0	1.1	1.2	1.3
H01—12	6～12	0.4～0.7			1.4	1.6	1.8	2.0	2.2
H01—20	12～20	0.6～0.8			2.4	2.6	2.8	3.0	3.2

2. 乙炔瓶

乙炔瓶是储存溶解乙炔的钢瓶，如图 6-4 所示，在瓶的顶部装有瓶阀供开闭气瓶和装减压器用，并套有瓶帽保护。在瓶内装有浸满丙酮的多孔性填充物（活性炭、木屑、硅藻土等），丙酮对乙炔有良好的溶解能力，可使乙炔安全地储存于瓶内，当使用时，溶在丙酮内的乙炔分离出来，通过瓶阀输出，而丙酮仍留在瓶内，以便溶解再次灌入瓶中的乙炔。在瓶阀下面的填充物中心部位的长孔内放有石棉绳，其作用是促使乙炔与填充物分离。

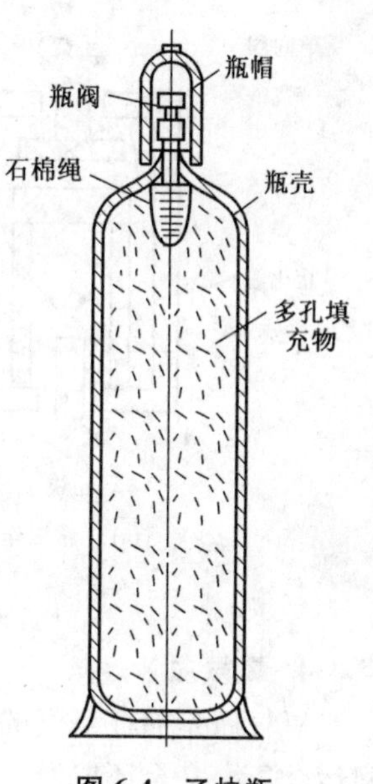

图 6-4 乙炔瓶

乙炔瓶的外壳漆成白色，用红色写明“乙炔”字样和“火不可近”字样。乙炔瓶的容量为 40L，乙炔瓶的工作压力为 1.5MPa，而输送给焊炬的压力很小，因此，乙炔瓶必须配备减压器，同时还必须配备回火安全器。

乙炔瓶一定要竖立放稳，以免丙酮流出，并要远离火源，防止乙炔瓶受热，因为乙炔温度过高会降低丙酮对乙炔的溶解度，而使瓶内乙炔压力急剧增高，甚至发生爆炸。乙炔瓶在搬运、装卸、存放和使用时，要防止遭受剧烈的振荡和撞击，以免瓶内的多孔性填料下沉而形成空洞，从而影响乙炔的储存。

3. 回火安全器

回火安全器又称回火防止器或回火保险器，是装在乙炔减压器和焊炬之间，用来防止火焰沿乙炔管回烧的安全装置。正常气焊时，气体火焰在焊嘴外面燃烧。但当气体压力不足、焊嘴堵塞、焊嘴离焊件太近或焊嘴过热时，气体火焰会进入嘴内逆向燃烧，这种现象称为回火。发生回火时，焊嘴外面的火焰熄灭，同时伴有爆鸣声，随后有“吱、吱”的声响。如果回火火焰蔓延到乙炔瓶，就会发生严重的爆炸事故。因此，发生回火时，回火安全器的作用是使回流的火焰在倒流至乙炔瓶以前被熄灭,同时应首先关闭乙炔开关,然后再关闭氧气开关。

图 6-5 所示为干式回火保险器的工作原理图。干式回火保险器的核心部件是粉末冶金制造的金属止火管。正常工作时,乙炔推开单向阀,经止火管、乙炔胶管输往焊炬。产生回火时,高温高压的燃烧气体倒流至回火保险器,由带非直线微孔的止火管吸收了爆炸冲击波,使燃烧气体的扩张速度趋近于零,而透过止火管的混合气体流顶上单向阀,迅速切断乙炔源,有效地防止火焰继续回流,并在金属止火管中熄灭回火的火焰。发生回火后,不必人工复位,又能继续正常使用。

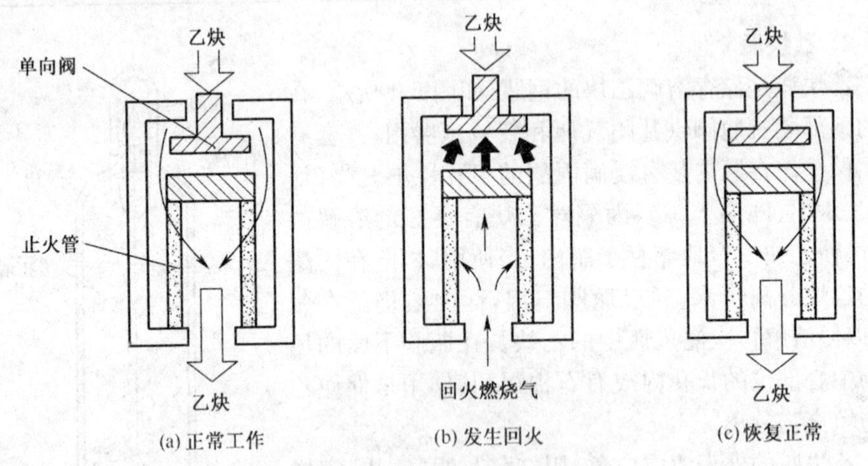

图 6-5 回火保险器的工作原理

4. 氧气瓶

氧气瓶是储存氧气的一种高压容器钢瓶,如图 6-6 所示。由于氧气瓶要经受搬运、滚动,甚至还要经受振动和冲击等,因此,瓶体材质要求很高,产品质量要求十分严格,出厂前要经过严格检验,以确保氧气瓶的安全可靠。氧气瓶是一个圆柱形瓶体,瓶体上有防震圈;瓶体的上端有瓶口,瓶口的内壁和外壁均有螺纹,用来装设瓶阀和瓶帽;瓶体下端还套有一个增强用的钢环圈瓶座,一般为正方形,便于立稳,卧放时也不至于滚动。为了避免腐蚀和发生火花,所有与高压氧气接触的零件都用黄铜制作。氧气瓶外表漆成天蓝色,用黑漆标明“氧气”字样。氧气瓶的容积为 40L,储氧最大压力为 15MPa,但提供给焊炬的氧气压力很小,因此氧气瓶必须配备减压器。由于氧气化学性质极为活泼,能与自然界中绝大多数元素化合,与油脂等易燃物接触会剧烈氧化,引起燃烧或爆炸,所以使用氧气时必须十分注意安全,应隔离火源、禁止撞击氧气瓶、严禁在瓶上沾染油脂、瓶内氧气不能用完(应留有余量)等。

5. 减压器

减压器是将高压气体降为低压气体的调节装置,如图 6-7 所示。其作用是减压、调压、量压和稳压。气焊时所需的气体工作压力一般都比较低,如氧气压力通常为 0.2～0.4MPa，乙炔压力最高不超过 0.15MPa。因此，必须将氧气瓶和乙炔瓶输出的气体经减压器减压后才能使用，而且通过减压器可以调节输出气体的压力。

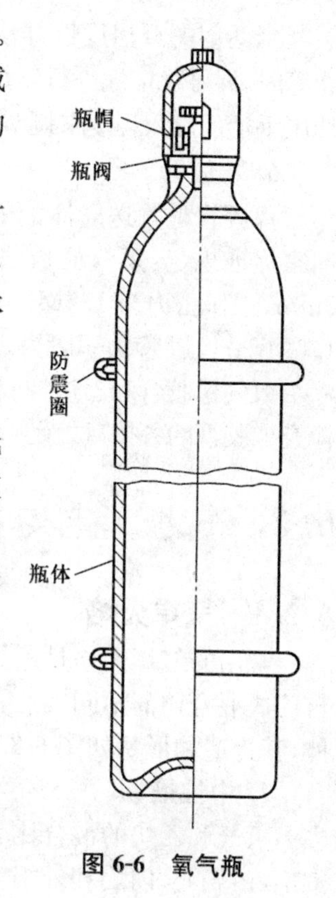

图 6-6 氧气瓶

减压器的工作原理如下：松开调压手柄（逆时针方向），活门弹簧闭合活门，高压气体就不能进入低压室，如图 6-7a 所示，即减压器不工作，从气瓶来的高压气体停留在高压室的区域内，高压表量出高压气体的压力，也就是气瓶内气体的压力。

拧紧调压手柄（顺时针方向），使调压弹簧压紧低压室内的薄膜，再通过传动件将高压室与低压室通道处的活门顶开，使高压室内的高压气体进入低压室，如图 6-7b 所示，此时的高压气体进行体积膨胀，气体压力得以降低，低压表可量出低压气体的压力，并使低压气体从出气口通往焊炬。

如果低压室气体压力高，向下的总压力大于调压弹簧向上的力，即压迫薄膜和调压弹簧，使活门开启的程度逐渐减小，直至达到焊炬工作压力时，活门重新关闭；如果低压室的气体压力低了，向下的总压力小于调压弹簧向上的力，此时薄膜上鼓，使活门重新开启，高压气体又进入低压室，从而增加低压室的气体压力。

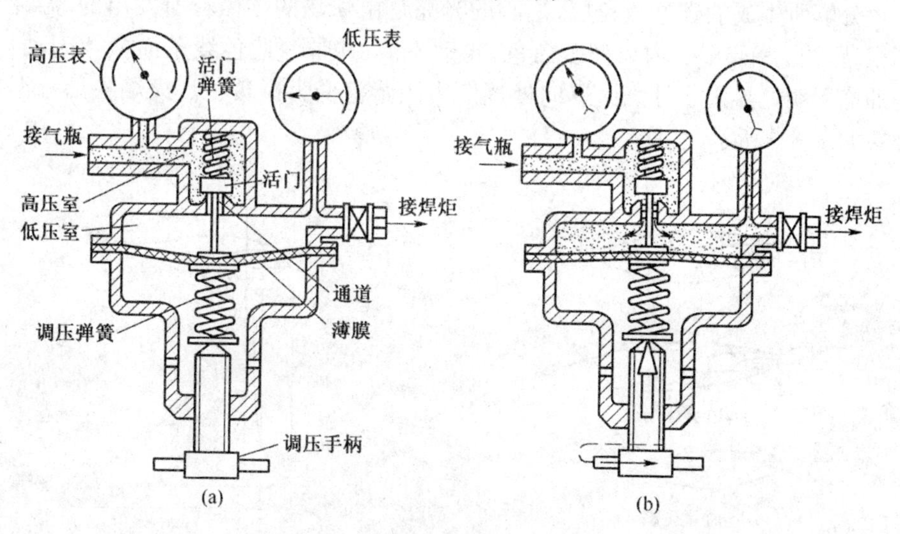

图 6-7 减压器的工作示意图

当活门的开启度恰好使流入低压室的高压气体流量与输出的低压气体流量相等时，即可稳定地进行气焊工作。减压器能自动维持低压气体的压力，只要通过调压手柄的旋入程度来调节调压弹簧压力，就能调整气焊所需的低压气体压力。

6. 橡胶管

橡胶管是输送气体的管道，分为氧气橡胶管和乙炔橡胶管，两者不能混用。国家标准规定：氧气橡胶管为黑色；乙炔橡胶管为红色。氧气橡胶管的内径为8mm，工作压力为1.5MPa；乙炔橡胶管的内径为10mm，工作压力为0.5MPa或1.0MPa；橡胶管长一般为10～15m。

氧气橡胶管和乙炔橡胶管不可有损伤和漏气发生，严禁明火检漏。特别要经常检查橡胶管的各接口处是否紧固，橡胶管有无老化现象，橡胶管不能沾有油污等。

6.2 气焊工艺与焊接规范

6.2.1 气焊火焰

常用的气焊火焰是乙炔与氧混合燃烧所形成的火焰，也称氧乙炔焰。根据氧与乙炔混合比的不同，氧乙炔焰可分为中性焰、碳化焰（也称还原焰）和氧化焰三种，其构造和形状如图6-8所示。

1. 中性焰

氧气和乙炔的混合比为1.1～1.2时，燃烧所形成的火焰称为中性焰，又称正常焰，由焰心、内焰和外焰三部分组成。

焰心靠近喷嘴孔呈尖锥形，色白而明亮，轮廓清楚。在焰心的外表面分布着乙炔分解所生成的碳素微粒层，焰心的光亮是由炽热的碳微粒所发出的，温度并不很高，约为950℃。内焰呈蓝白色，轮廓不清，并带深蓝色线条而微微闪动，它与外焰无明显界限。外焰由里向外逐渐由淡紫色变为橙黄色。火焰各部分温度分布如图6-9所示。

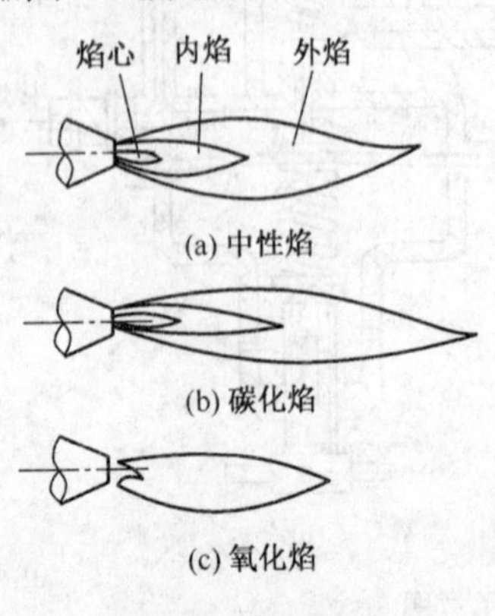

图6-8 氧乙炔焰

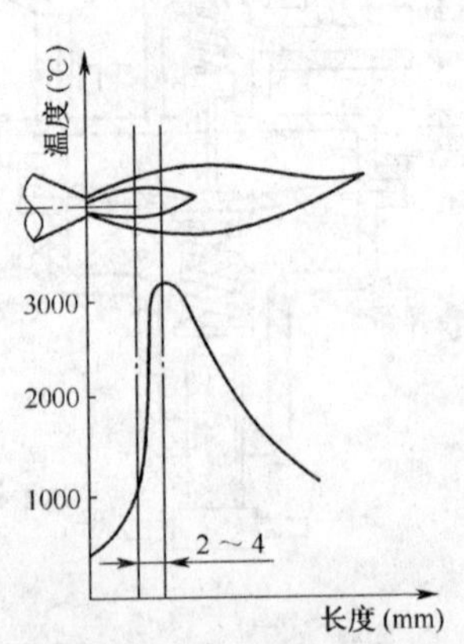

图6-9 中性焰的温度分布

中性焰在焰心前2～4mm处最高温度为3050℃～3150℃，用中性焰焊接时主要利用内焰这部分火焰加热焊件。中性焰燃烧完全，对红热或熔化了的金属没有碳化和氧化作用，所以称之为中性焰。气焊一般都可以采用中性焰，其广泛用于低碳钢、低合金钢、中碳钢、不锈钢、紫铜、灰铸铁、锡青铜、铝及铝合金、铅锡、镁合金等的气焊。

2. 碳化焰(还原焰)

氧气和乙炔的混合比小于1.1时，燃烧形成的火焰称为碳化焰。碳化焰的整个火焰比中性焰长而软，它也由焰心、内焰和外焰组成，而且这三部分均很明显。焰心呈灰白色，并发生乙炔的氧化和分解反应；内焰有多余的碳，故呈淡白色；外焰呈橙黄色，除燃烧产物CO_2和水蒸气外，还有未燃烧的碳和氢。

碳化焰的最高温度为2700℃～3000℃。由于火焰中存在过剩的碳微粒和氢，碳会渗入熔池金属，使焊缝的碳含量增高，故称为碳化焰。碳化焰不能用于焊接低碳钢和合金钢，同时碳具有较强的还原作用，故又称为还原焰，游离的氢也会渗入焊缝，产生气孔和裂纹，造成硬而脆的焊接接头。因此，碳化焰只用于焊接高速钢、高碳钢、铬钢、铸铁焊补、硬质合金堆焊等。

3. 氧化焰

氧化焰是氧与乙炔的混合比大于1.2时的火焰。氧化焰的整个火焰和焰心的长度都明显缩短，只能看到焰心和外焰两部分。氧化焰中有过剩的氧，整个火焰具有氧化作用，故称为氧化焰。

氧化焰的最高温度可达3100℃～3300℃。使用这种火焰焊接各种金属时，金属很容易被氧化而造成脆弱的焊接接头。在焊接高速钢或铬、镍、钨等优质合金钢时，会出现互不熔合的现象；在焊接有色金属及其合金时，产生的氧化膜会更厚，甚至焊缝金属内有夹渣，形成不良的焊接接头。因此，氧化焰一般很少采用，仅适用于气割工件和气焊黄铜、锰黄铜及镀锌铁皮。特别适合于黄铜类，因为黄铜中的锌在高温下极易蒸发，采用氧化焰时，熔池表面会形成氧化锌和氧化铜的薄膜，起了抑制锌蒸发的作用。

不论采用何种火焰气焊时，喷射出来的火焰(焰心)形状应该整齐垂直，不允许有歪斜、分叉或发出“吱、吱”的声响。只有这样才能使焊缝两边的金属均匀加热，并正确形成熔池，从而保证焊缝质量。否则不管焊接操作技术多好，焊接质量也要受到影响。所以，当发现火焰不正常时，要及时使用专用的通针将焊嘴口处附着的杂质消除掉，待火焰形状正常后再进行焊接。

6.2.2 气焊工艺

气焊的接头形式和焊接空间位置等工艺问题的考虑与焊条电弧焊基本相同。气焊应尽可能用对接接头，厚度大于5mm的焊件须开坡口以便焊透。焊前接头处应清除铁锈、油污、水分等。

气焊的焊接规范主要包括确定焊丝直径、焊嘴大小、焊接速度等。

①焊丝直径。焊丝直径由工件厚度、接头和坡口形式决定，焊接开坡口的焊件时，第一层应选较细的焊丝。焊丝直径的选用见表6-2。

表6-2 不同厚度工件配用焊丝的直径 (mm)

工件厚度	1.0～2.0	2.0～3.0	3.0～5.0	5.0～10	10～15
焊丝直径	1.0～2.0	2.0～3.0	3.0～4.0	3.0～5.0	4.0～6.0

②焊嘴大小。焊嘴大小直接影响生产率。导热性好、熔点高的焊件，在保证焊接质量的前提下应选较大号焊嘴(较大孔径的焊嘴)。

③焊接速度。在平焊时，焊件越厚，焊接速度应越慢。对熔点高、塑性差的工件，焊接速度应慢。在保证焊接质量的前提下，应尽可能提高焊接速度，以提高生产效率。

6.3 气焊操作技能

6.3.1 气焊基本操作技能

1. 点火

点火之前，先把氧气瓶和乙炔瓶上的总阀打开，然后转动减压器上的调压手柄(顺时针旋转)，将氧气和乙炔调到工作压力。再打开焊炬上的乙炔调节阀，此时可以将氧气调节阀少开一点，用氧气助燃点火(用明火点燃)，如果氧气开得大，点火时就会因为气流太大而发出“啪、啪”的响声，而且还点不着。如果不开一点氧气助燃点火，虽然也可以点着，但是黑烟较大。点火时，手应放在焊嘴的侧面，不能对着焊嘴，以免点着后喷出的火焰烧伤手臂。

2. 调节火焰

刚点火的火焰是碳化焰，然后逐渐开大氧气阀门，改变氧气和乙炔的比例，根据被焊材料性质及厚薄要求，调到所需的中性焰、氧化焰或碳化焰。需要大火焰时，应先把乙炔调节阀开大，再调大氧气调节阀；需要小火焰时，应先把氧气关小，再调小乙炔。

3. 焊接方向

气焊操作时右手握焊炬，左手拿焊丝，可以向右焊(右焊法)，也可以向左焊(左焊法)，如图6-10所示。

右焊法是焊炬在前，焊丝在后。这种方法是焊接火焰指向已焊好的焊缝，加热集中，熔深较大，火焰对焊缝有保护作用，避免出现气孔和夹渣，但较难掌握。此种方法适用于较厚工件的焊接，而一般厚度较大的工件均采用电弧焊，因此右焊法很少使用。

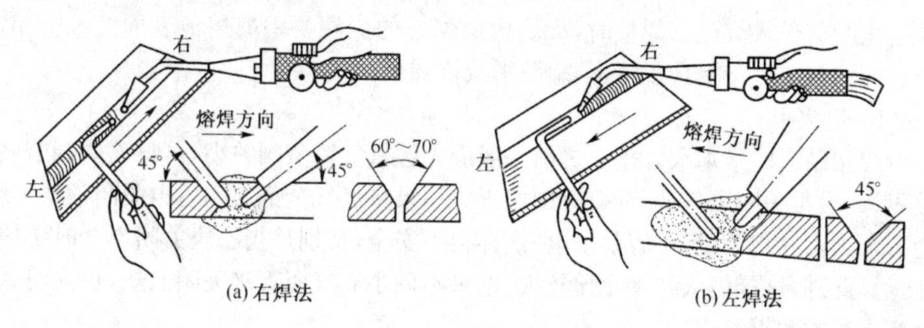

图 6-10 气焊的焊接方向

左焊法是焊丝在前，焊炬在后。这种方法是焊接火焰指向未焊金属，有预热作用，焊接速度较快，可减少熔深和防止烧穿，操作方便，适宜焊接薄板。用左焊法还可以看清熔池，分清熔池中的熔化金属与熔渣，因此左焊法在气焊中被普遍采用。

4. 施焊方法

施焊时，要使焊嘴轴线的投影与焊缝重合，同时要掌握好焊炬与工件的倾角 α。工件越厚，则倾角越大；金属的熔点越高，则倾角就越大。在开始焊接时，工件温度尚低，为了较快地加热工件和迅速形成熔池，倾角 α 应该大一些（α 为 80°～90°），焊嘴与工件接近于垂直，使火焰的热量集中，尽快使接头表面熔化。正常焊接时，一般倾角 α 为 30°～50°。焊接将结束时，倾角可减至 20°，并使焊炬做上下摆动，以便连续地对焊丝和熔池加热，这样能更好地填满焊缝和避免烧穿。焊嘴倾角与工件厚度的关系如图 6-11 所示。

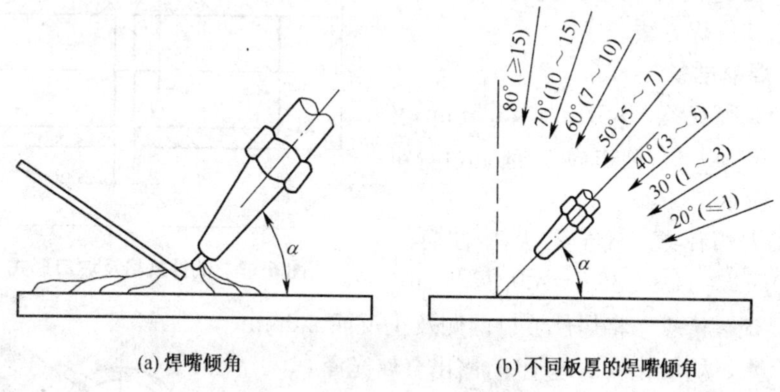

图 6-11 焊嘴倾角与工件厚度的关系

焊接时，还应注意送进焊丝的方法。焊接开始时，焊丝端部放在焰心附近预热，待接头形成熔池后，才把焊丝端部浸入熔池。焊丝熔化一定数量之后，应退出熔池，焊炬随即向前移动，形成新的熔池。注意焊丝不能经常处在火焰前面，以免阻碍工件受热，也不能使焊丝在熔池上面熔化后滴入熔池，更不能在接头表面尚未熔化时就送入焊丝。焊接时，火焰内层焰心的尖端要距离熔池表面 2～4mm，形成的熔池要尽量保持瓜子形、扁圆形或椭圆形。

5. 熄火

焊接结束时应熄火。熄火之前一般应先将氧气调节阀关小，再将乙炔调节阀关闭，最后再关闭氧气调节阀，火即熄灭。如果将氧气全部关闭后再关闭乙炔，就会有余火窝在焊嘴里，不容易熄火，这样很不安全，特别是当乙炔关闭不严时更应注意。此外，这样熄火黑烟也比较大，如果不调小氧气而直接关闭乙炔，熄火时就会产生很响的爆裂声。

6. 回火的处理

在焊接操作中有时焊嘴头会出现爆响声，随着火焰自动熄灭，焊炬中会有"吱、吱"响声，这种现象称为回火。因氧气比乙炔压力高，可燃混合物会在焊炬内发生燃烧，并很快扩散在导管里而产生回火。如果不及时消除，不仅会使焊炬和导管烧坏，而且会使乙炔瓶发生爆炸。所以当遇到回火时，不要紧张，应迅速在焊炬上关闭乙炔调节阀，同时关闭氧气调节阀，等回火熄灭后，再打开氧气调节阀，吹除焊炬内的余焰和烟灰，并将焊炬的手柄前部放入水中冷却。

6.3.2　管径 $\phi<60$mm 的低碳钢管对接水平转动气焊

低碳钢管对接水平转动气焊时，根据管道的用途不同，对焊接质量的要求也不同。重要的管道要求单面焊双面成形，以满足较高工作压力的要求；工作压力较低的管道，对焊缝接头只要求不泄漏，并达到一定强度即可。

下面以材质为 20 号钢，ϕ57mm×3.5mm 无缝钢管水平转动对接气焊为例，介绍其气焊方法。

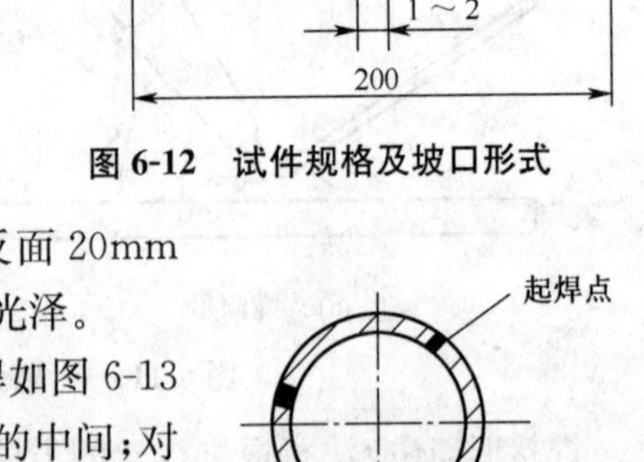

图 6-12　试件规格及坡口形式

1. 焊前准备

(1)试件规格　ϕ57mm×3.5mm；V 形坡口 60°±1.5°；钝边为 1～1.5mm，如图 6-12 所示。

(2)火焰种类　氧气-乙炔，中性焰。

(3)焊丝　H08A，ϕ2.5mm 和 ϕ3.2mm。

(4)试件清理　将焊件坡口两侧及正反面 20mm 内的油、水、锈、氧化物清理干净，露出金属光泽。

(5)试件装配与定位焊　装配与定位焊如图 6-13 所示。焊接时的起焊点应在两个定位焊点的中间；对接间隙，始焊端为 1～2mm；错边量应不大于 0.5mm。

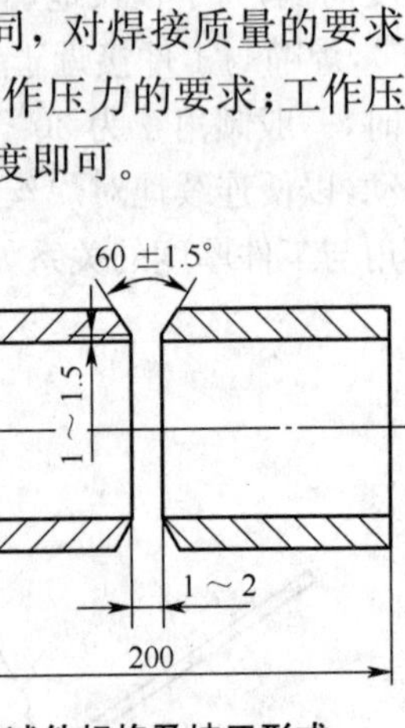

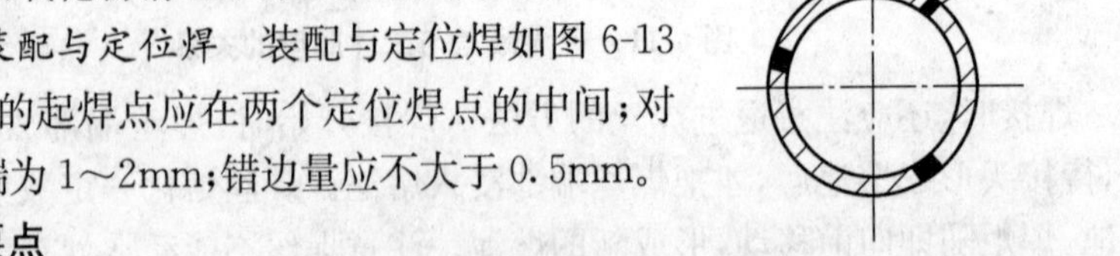

图 6-13　试件装配与定位焊

2. 操作要点

由于管道可以自由转动，焊缝熔池始终可以控制在方便的位置。对于管壁较厚和开有坡口的管道，不应在水平位置焊接。因为管壁厚，填充金属多，加热时间长，若采用平焊，不易得到较大的熔深，不利于焊缝金属的堆高，同时焊缝表面成形也不美观。因此，管壁较厚和开有坡口的管道通常采用爬坡位置，即半立焊位置施焊。

①若采用左焊法，则应在与管道水平中心线夹角成50°～70°的范围内进行焊接，如图6-14所示。这样可以加大熔深，并易于控制熔池形状，使接头全部焊透；同时被填充的熔滴金属自然流向熔池下边，使焊缝堆高快，并有利于控制焊缝的高低，更好地保证焊缝质量。

②若采用右焊法，焊接时，因火焰吹向熔化金属部分，为了防止熔化金属被火焰吹成焊瘤，熔池应控制在与垂直中心线夹角为10°～30°的范围内，如图6-15所示。

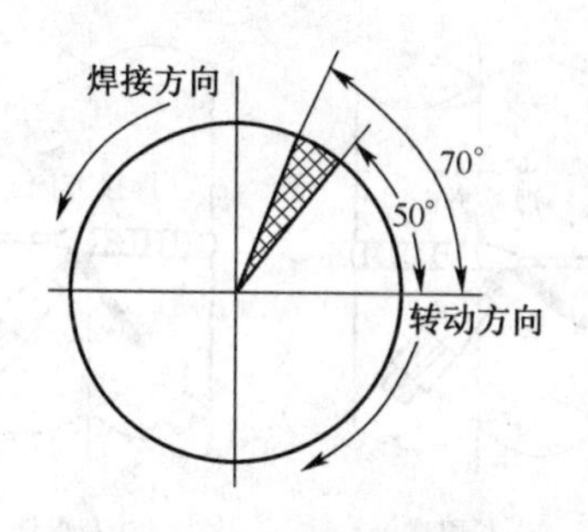

图6-14 左向爬坡焊

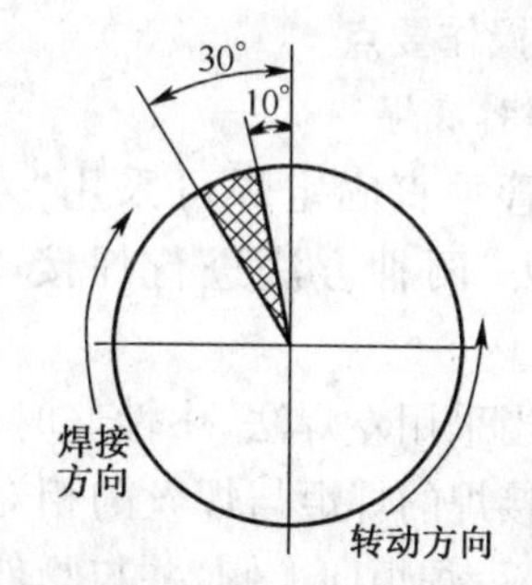

图6-15 右向爬坡焊

6.3.3 管径 ϕ<60mm的低碳钢管对接垂直固定气焊

管对接垂直固定气焊在生产中的应用较少，操作难度较大，焊接时焊缝的上侧易产生凹陷及咬边，焊缝的下侧易产生下坠、焊瘤等缺陷。

下面以材质为20号钢，规格为 ϕ57mm×3.5mm无缝小径钢管的垂直固定对接焊为例进行介绍。

1. 焊前准备

(1)试件规格 ϕ57mm×3.5mm；V形坡口60°±1.5°；钝边：1～1.5mm，如图6-16所示。

(2)火焰种类 氧气-乙炔，中性焰。

(3)焊丝 H08A，ϕ2.5mm和 ϕ3.2mm。

(4)试件清理 将焊件坡口两侧及正反面20mm内的油、水、锈、氧化物清理干净，露出金属光泽。

(5)试件装配与定位焊 装配与定位焊如图6-17所示。定位焊缝长度为15～20mm；对接间隙，始焊端为2～2.5mm；错边量不大于0.5mm。

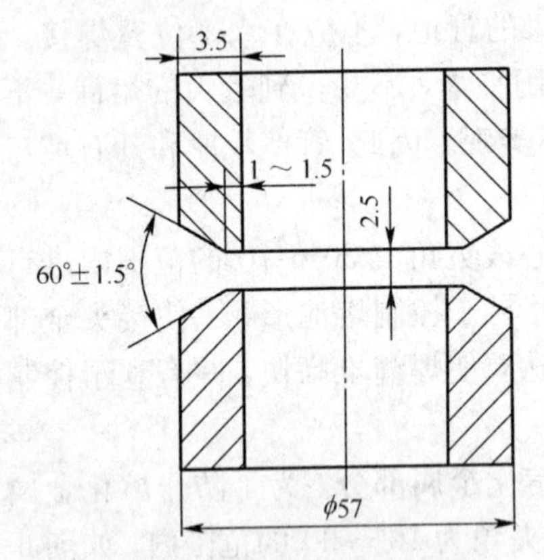

图 6-16　试件规格及坡口形式

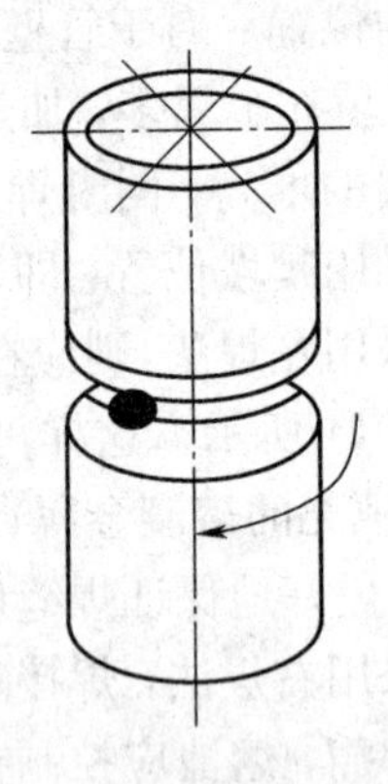
图 6-17　试件装配与定位焊

2. 操作要点

(1)打底焊

①管垂直固定焊可采用“左焊法”或“右焊法”两种方法进行焊接，如图 6-18 所示。

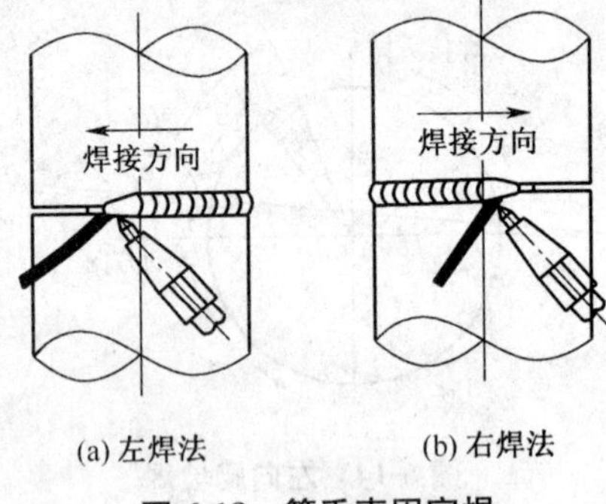

(a) 左焊法　(b) 右焊法

图 6-18　管垂直固定焊

②当采用左焊法，中性焰时，管子垂直固定对接焊的焊炬与焊丝的相对位置如图 6-19 所示，焊炬向上倾，并与管件的轴向成 65°～75°夹角，如图 6-19a 所示；同时焊炬与管件的切线方向成 45°～50°夹角，如图 6-19b 所示，使火焰的吹力托住熔池的熔化金属，不使其下淌。同时，焊炬与焊丝夹角为 90°～110°，焰心透入坡口间隙，焊炬与焊丝做斜环形摆动及前后运动，保证两侧坡口的熔合并随时调整熔池的大小。

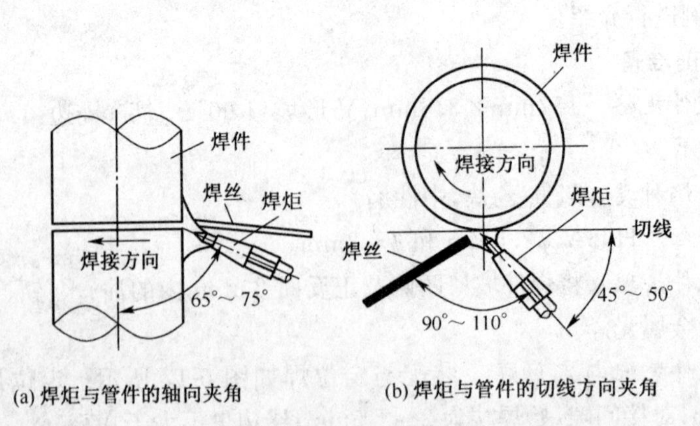

(a) 焊炬与管件的轴向夹角　(b) 焊炬与管件的切线方向夹角

图 6-19　管垂直固定焊时焊炬与管件、焊丝的相对位置

③焊炬在摆动过程中要避免产生咬边和焊瘤等缺陷。为防止火焰烧手，在距熔化前端 100mm 处将焊丝弯成 90°～120°。

④管件起焊与收尾时的温度不同，接近收尾时可加快焊接速度与送丝速度。

(2)盖面焊

①焊炬与管件轴向呈 70°～80°夹角。

②采用中性焰，焰心距熔池表面 3～4mm；火焰能率略大于打底焊。

③为保证层间及坡口两侧熔合良好，焊炬按焊缝成形的要求做斜环形摆动，采用滴入法填充焊丝，控制填充焊丝量及焊接速度，调整焊缝的余高。

6.4 气 割

6.4.1 气割的原理及应用特点

气割即氧气切割，是利用割炬喷出乙炔与氧气混合燃烧的预热火焰，将金属的待切割处预热到它的燃烧点(红热程度)，并从割炬的另一喷孔高速喷出纯氧气流，使切割处的金属发生剧烈的氧化，成为熔融的金属氧化物，同时被高压氧气流吹走，从而形成一条狭小整齐的切口使金属割开，如图 6-20 所示。因此，气割包括预热、燃烧、吹渣三个过程。气割原理与气焊原理在本质上是完全不同的，气焊是熔化金属，而气割是金属在纯氧中的燃烧(剧烈的氧化)，故气割的实质是“氧化”并非“熔化”。由于气割所用设备与气焊基本相同，而操作也有近似之处，因此常把气割与气焊设备在使用上和场地上都放在一起。由于气割原理所致，气割的金属材料必须满足以下条件。

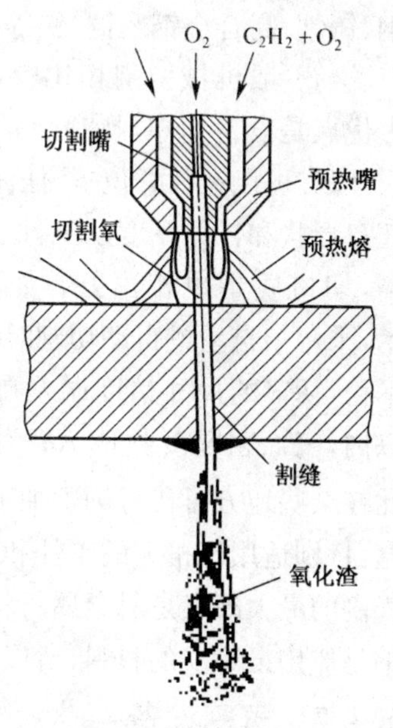

图 6-20 气割示意图

①金属熔点应高于燃点(即先燃烧后熔化)。在铁碳合金中，碳的含量对燃点有很大影响，随着碳含量的增加，合金的熔点减低而燃点却提高，所以碳含量越大，气割越困难。例如，低碳钢熔点为 1528℃，燃点为 1050℃，易于气割。但碳含量为 0.7%的碳钢，燃点与熔点差不多，都为 1300℃；当碳含量大于 0.7%时，燃点则高于熔点，故不易气割。铜、铝的燃点比熔点高，故不能气割。

②氧化物的熔点应低于金属本身的熔点，否则形成高熔点的氧化物会阻碍下层金属与氧气流接触，使气割困难。有些金属由于形成氧化物的熔点比金属熔点高，故不易或不能气割。如高铬钢或铬镍不锈钢加热形成熔点为 2000℃左右的

Cr_2O_3，铝及铝合金形成熔点2050℃的Al_2O_3，所以它们不能用氧乙炔焰气割，但可用等离子气割法气割。

③金属氧化物应易熔化和流动性好，否则不易被氧气流吹走，难于切割。例如，铸铁气割生成很多SiO_2氧化物，不但难熔(熔点约1750℃)而且熔渣黏度很大，所以铸铁不易气割。

④金属的导热性不能太高，否则预热火焰的热量和切割中所产生的热量会迅速扩散，使切割处热量不足，切割困难。例如，铜、铝及其合金由于导热性高是其不能用一般气割法切割的原因之一。

此外，金属在氧气中燃烧时能发出大量的热量，足以预热周围的金属，另外，金属中所含的杂质要少。

满足以上条件的金属材料有纯铁、低碳钢、中碳钢和低合金结构钢。而高碳钢、铸铁、高合金钢及铜、铝等有色金属及其合金，均难以气割。

与一般机械切割相比较，气割的最大优点是设备简单，操作灵活、方便，适应性强，可以在任意位置、任何方向切割任意形状和任意厚度的工件，生产效率高，切口质量也相当好。如图6-21所示，采用半自动或自动切割时，由于运行平稳，切口的尺寸精度误差在±0.5mm以内，表面粗糙度数值Ra为25μm，因此在某些地方可代替刨削加工，如厚钢板的开坡口。气割在造船工业中使用最普遍，特别适用于稍大的工件和特殊形状材料，还可用来气割锈蚀的螺栓和铆钉等。气割的最大缺点是对金属材料的适用范围有一定的限制，但由于低碳钢和低合金钢是应用最广泛的材料，所以气割的应用也就非常普遍。

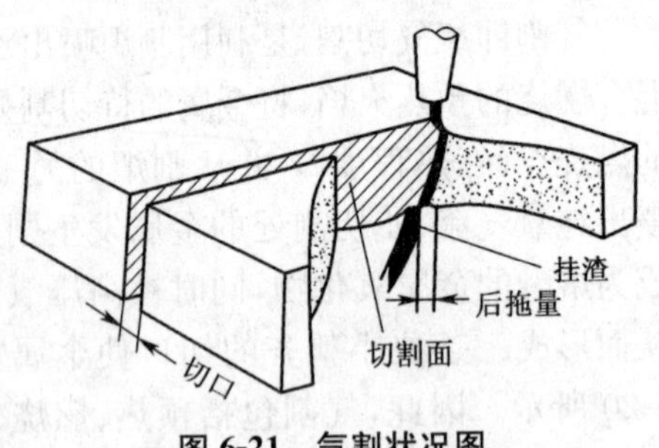

图6-21 气割状况图

6.4.2 气割设备

气割所需的设备中，氧气瓶、乙炔瓶和减压器同气焊一样。所不同的是气焊用焊炬，而气割要用割炬(又称割枪)，如图6-22所示。

割炬有两根导管，一根是预热焰混合气体管道，另一根是切割氧气管道。割炬比焊炬只多一根切割氧气管和一个切割氧气阀门(简称切割氧阀门)。此外，割嘴与焊嘴的构造也不同，割嘴的出口有两条通道，外围的一圈是乙炔与氧的混合气体出口，中间的通道为切割氧(即纯氧)的出口，二者互不相通。割嘴有梅花形和环形两种。常用的割炬型号有G01—30、G01—100和G01—300等。其中“G”表示割炬，“0”表示手工，“1”表示射吸式，“30”和“300”表示最大气割厚度为30mm和300mm。同焊炬一样，各种型号割炬均配备多个不同大小的割嘴。

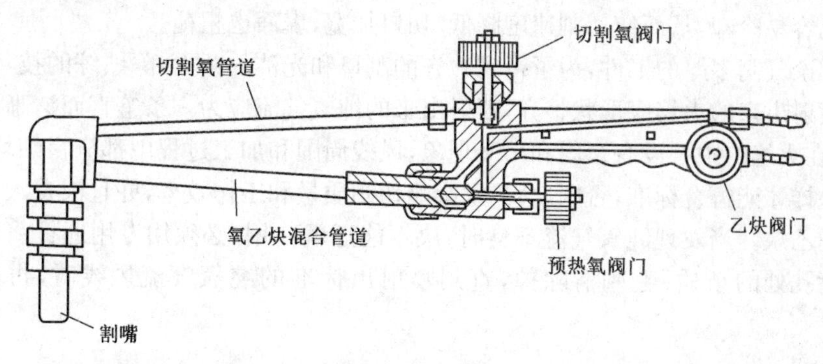

图 6-22 割炬

6.4.3 气割过程

例如，切割低碳钢工件时，先开预热氧气及乙炔的阀门，点燃预热火焰，调成中性焰，将工件割口的开始处加热到1300℃左右(达到橘红至亮黄色)。然后打开切割氧阀门，高压的切割与割口处的高温金属发生作用，产生激烈燃烧反应，将铁烧成氧化铁，氧化铁被燃烧热熔化后，迅速被氧气流吹走，这时下一层碳钢也已被加热到高温，与氧接触后继续燃烧和被吹走，因此，氧气可将工件自表面烧到底部，并随着割炬以一定速度向前移动即可形成割口。

6.4.4 气割参数

气割参数主要有割炬、割嘴大小和氧气压力等，其选择是根据待切割金属工件的厚度而定，见表6-3。

表 6-3 普通割炬及其技术参数

割炬型号	切割厚度/mm	氧气压力/Pa	可换割嘴数	割嘴孔径/mm
G01—30	2～30	$(2\sim3)\times10^5$	3	0.6～1.0
G01—100	10～100	$(2\sim5)\times10^5$	3	1.0～1.6
G01—300	100～300	$(5\sim10)\times10^5$	4	1.8～3.0

气割不同厚度的工件时，割嘴的选择和氧气工作压力的调整，对气割质量和工作效率都有密切的关系。

割嘴的大小与工件厚度的关系。如果使用太小的割嘴来割厚工件，由于得不到充足的氧气燃烧和喷射能力，切割工作就无法顺利进行，即使勉强一次又一次地切割下来，质量较差，工作效率也低。反之，如果使用太大的割嘴来切割薄工件，不但浪费大量的氧气和乙炔，而且气割的质量也不好。因此选择适宜的割嘴对工件的加工质量很重要。

切割氧的压力与工件厚度的关系。压力不足时，不但切割速度缓慢，而且熔渣不易吹掉，切口不平，甚至有时会切不透；压力过大时，除了氧气消耗量增加外，金属也容易冷却，从而使切割速度降低，切口加宽，表面也粗糙。

无论气割多厚的工件，为了得到整齐的割口和光洁的断面，除熟练的技巧外，割嘴喷射出来的火焰应形状整齐，喷射出来的纯氧气流应为一条笔直而清晰的风线，并在火焰的中心没有歪斜和出叉现象，风线周围和加工过程中都应粗细均匀，只有这样才能符合标准，否则，会严重影响切割质量和工作效率，并且浪费大量的氧气和乙炔。当发现纯氧气流不良时，决不能迁就使用，必须用专用通针将附着在割嘴孔处的杂质、毛刺清除掉，直到喷射出标准的纯氧气流风线时，再进行切割。

6.5 气割的基本操作技能

6.5.1 气割前的准备

气割前，应根据工件厚度选择氧气的工作压力和割嘴的大小，并将工件切口处的铁锈和油污清理干净，用石笔画好割线，平放好。在切口的背面应有一定的空间，以便切割气流冲出来时不致遇到阻碍，同时还可散放氧化物。

握割炬的姿势与气焊时一样，右手握住割炬手柄，大拇指和食指控制调节氧气阀门，左手扶在割炬的切割氧气管子上，同时大拇指和食指控制切割氧气阀门。右手臂紧靠右腿使手臂得到支撑，在随腿部从右向左移动时，切割比较稳当，特别是当切割没有熟练掌握时更应该注意到这一点。

点火动作与气焊时一样，首先把乙炔阀打开，氧气可以稍开一点。点着后将火焰调至中性焰(割嘴头部是一蓝白色圆圈)，然后将切割氧气阀打开，观察原来的加热火焰是否在氧气压力下变成碳化焰。同时还要观察在打开切割氧气阀时，割嘴中心喷出的风线是否笔直清晰，然后方可切割。

6.5.2 气割操作要点

(1)气割起始点　气割一般从工件的边缘开始，如果要在工件中部或内部切割时，应在中间处先钻一个直径大于 5mm 的孔，或开出一孔，然后从孔处开始切割。

(2)气割操作　开始气割时，先用预热火焰加热开始点(此时切割氧气阀是关闭的)，预热时间应视金属温度情况而定，一般加热到工件表面接近熔化呈橘红色。这时轻轻打开切割氧气阀门，开始气割。如果预热的地方切割不掉，说明预热温度太低，应关闭切割氧气阀继续预热。预热火焰的焰心前端应离工件表面 2～4mm，同时要注意割炬与工件间应有一定的角度，如图 6-23 所示。

①当气割 5～30mm 厚的工件时，割炬应垂直于工件。

②当厚度小于 5mm 时，割炬可向后倾斜 5°～10°。

③若工件厚度超过 30mm，在气割开始时割炬可向前倾斜 5°～10°，待割透

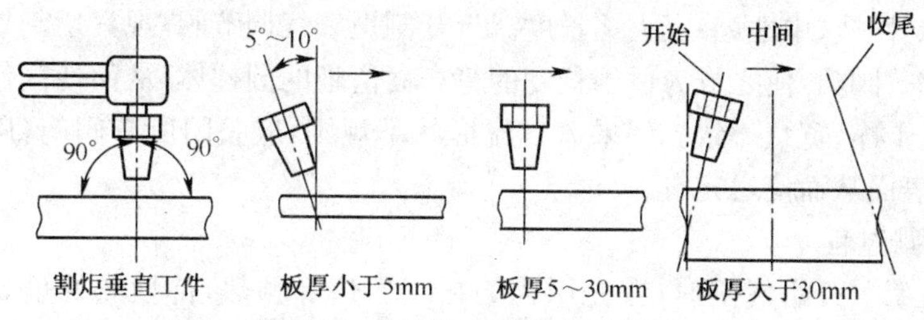

图 6-23 割炬与工件之间的角度

时，割炬可垂直于工件，直到气割完毕。

④如果预热的地方被切割掉，则继续加大切割氧气量，使切口深度加大，直至全部切透。

(3)气割速度 气割速度一般与工件厚度有关，工件越薄，气割的速度越快，反之则越慢。气割速度还要根据切割中出现的一些问题加以调整。

①当看到氧化物熔渣直往下冲，或听到切口背面发出"喳、喳"的气流声时，便可将割炬匀速地向前移动。

②如果在气割过程中发现熔渣往上冲，则说明未打穿，这往往是由于金属表面不纯，红热金属散热和切割速度不均匀，这种现象很容易使燃烧中断，所以必须继续供给预热的火焰，并将速度稍减慢，待工件打穿后再保持原有的速度继续工作。

③如发现割炬在前面走，后面的切口又逐渐熔合起来，则说明切割移动速度太慢或供给的预热火焰太大，必须将气割速度和火焰加以调整，待其正常后再继续切割。

6.5.3 手工气割操作过程

一般工件气割的工艺过程包括气割前的准备、确定气割工艺参数和进行气割操作三部分。

1. 气割前的准备

(1)检查整个气割系统的设备及工具 气割前应检查溶解乙炔瓶、乙炔发生器、回火防止器的工作状态是否正常；若使用射吸式割炬，应先将乙炔皮管取下，检查割炬是否有射吸力，若无射吸力则不得使用。若整个气割系统的设备及工具正常完好，并符合安全生产要求，则可将气割设备连接好，打开乙炔瓶阀和氧气瓶阀，并将其调节到所需工作压力。

(2)去除工件表面污垢、油漆、氧化皮等 气割时，工件应垫平、垫高，距地面保持一定高度，以利于熔渣吹除，切勿在距操作面很近的位置气割，以防飞溅物伤人，同时，可用挡板挡住飞溅的氧化物熔渣。

2. 确定气割参数

根据工件的厚度正确选择气割参数、割炬和割嘴号码(见表 6-3)，然后点火并调整好火焰性质(中性焰)及火焰长度。打开割炬氧气调节阀,观察切割氧气流的形状,并调节阀门,使之成为适当长度的笔直而清晰的圆柱体,从而使割件的切口表面光滑、干净、宽窄一致。如果氧气流形状不规则,应关闭所有阀门,用通针修整割嘴内表面从而使之光滑。

3. 气割过程

(1)起割 开始气割时,首先用火焰在工件边缘预热,待预热处呈亮红色时(即达到燃烧温度),慢慢打开切割氧气调节阀。当看到液态金属被氧气流吹掉时,再加大切割氧气流,待听到工件下面发出"噗噗"的声音时,则说明工件已被割透。这时应按工件的厚度灵活掌握气割速度,沿着割线向前切割。

(2)切割 在气割过程中割炬运行始终要均匀,割嘴离工件距离要保持不变(一般为3～5mm)。手工气割时,可将割嘴沿气割方向后倾20°～30°,以提高切割速度。切割速度的大小直接影响气割质量,切割速度是否正常可以从熔渣的流动方向来判断。当熔渣的流动方向基本上与割件表面垂直时,说明切割速度正常;若熔渣成一定角度流出,即产生较大的后拖量,则说明切割速度过快,如图6-24所示。

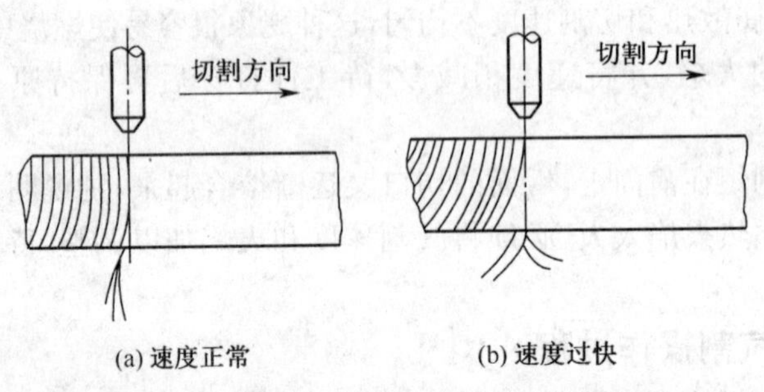

图6-24 熔渣流动方向与气割速度的关系

(3)切割的收尾和接头 气割将近结束时,割嘴应沿气割方向后倾一定角度,使钢板下部提前割开,并注意余料的下落位置,这样可使收尾的切口平整。气割过程完毕后,应迅速关闭切割氧调节阀,并将割炬抬高,再关闭乙炔调节阀,最后关闭预热氧调节阀。由于气割过程中不可避免地要有中间接头,因此,中间的停火收尾必须保证根部割透,为再次起割创造良好的条件。接头的方法很多,要想接头质量好,首要的是动作要快,利用金属的高温迅速重新切割。一般厚度的工件气割接头时,可在停火处后10～20mm处引燃金属,正常垂直移动,或在收尾处直接引燃金属进行接头;较大厚度的工件,在收尾时要将割嘴稍向前倾斜,使工件下部有一定空间。接头时再按起割要领进行操作,方可获得更佳的切割效果。

7 二氧化碳(CO_2)气体保护焊

7.1 CO_2 气体保护焊基本知识

CO_2气体保护焊从研究成功以来已有50多年的历史,由于CO_2气体保护焊本身具有很多优点,所以广泛用于焊接低碳钢、低合金结构钢及低合金高强度钢。在某些情况下,可以焊接耐热钢、不锈钢或用于堆焊耐磨零件及焊补铸钢件和铸铁件。

目前,一些先进工业国家CO_2气体保护焊应用非常广泛。美国、日本等国家气体保护焊的使用占常用焊接方法的一半以上。

我国从1955年开始研究CO_2气体保护焊,20世纪60年代初开始用于生产。几十年来CO_2气体保护焊已在造船、机车制造、汽车制造、石油化工、工程机械、农业机械等部门广泛应用,成为重点推广的熔焊工艺。

CO_2气体保护焊是利用从喷嘴中喷出的CO_2气体隔绝空气,保护熔池的一种先进的熔焊方法。其焊接过程如图7-1所示。

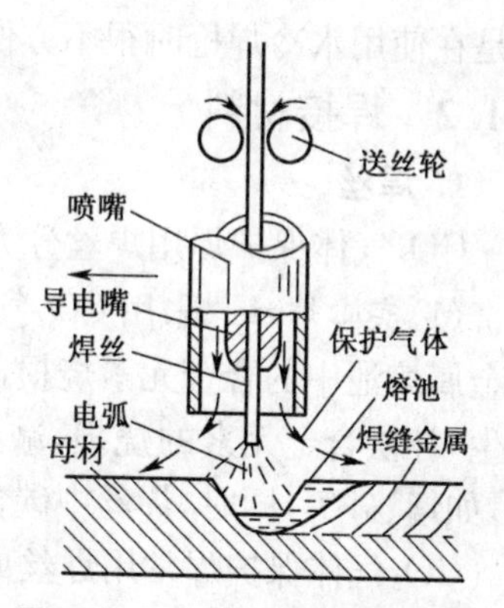

图7-1 CO_2 气体保护焊示意图

CO_2气体保护焊又称为活性气体保护焊,简称为MAC焊或MAG-C焊。从喷嘴中喷出的CO_2气体,在高温下分解为CO并放出O_2,温度越高CO的分解率越大,放出的O_2越多。在焊接条件下,CO_2与O_2会使铁和其他合金元素氧化,因此,在进行CO_2气体保护焊时必须采取措施,防止母材和焊丝中合金元素的烧损。

7.1.1 CO_2气体保护焊的特点

1. CO_2 气体保护焊的优点

①CO_2 气体保护焊采用的电流密度大,焊丝的熔敷速度高,母材的熔深大。

②CO_2气体保护焊采用CO_2气体作保护,熔渣极少,电弧可见性好,便于观察和控制熔池,层间不必清渣。

③CO_2气体保护焊采用整盘焊丝,焊接过程中不必频繁更换焊丝,减少了停弧换焊丝的时间。

④CO_2 气体保护焊对油污、铁锈不敏感,焊前清理的要求不高,只要焊件上没有明显的黄锈,一般不必清理。

⑤CO_2气体保护焊电流密度高、热量集中,同时CO_2气体有冷却作用,受热而

积小,所以焊后工件变形小。

⑥CO_2气体保护焊焊缝中扩散氢含量少,在焊接低合金高强钢时,出现冷裂纹的倾向较小。

⑦CO_2气体保护焊采用自动送丝,操作简单,容易掌握。

⑧CO_2气体保护焊的成本低,仅为焊条电弧焊的40%～50%。

2. CO_2气体保护焊的缺点

①CO_2气体保护焊焊后清理飞溅较麻烦。

②CO_2气体保护焊弧光较强,需加强防护。

③室外进行CO_2气体保护焊作业时,应采取必要的防风措施。

④CO_2气体保护焊的焊枪和送丝软管较重,在小范围内操作时不够灵活,特别是在使用水冷焊枪时很不方便。

7.1.2 焊接材料

1. 焊丝

CO_2气体保护焊用焊丝分为实心焊丝和药芯焊丝两种。

(1)实心焊丝 采用CO_2气体保护焊时,CO_2气体对熔池有一定的氧化作用,使金属熔池中的合金元素烧损,而且容易产生气孔、飞溅。因此,为了防止气孔的产生,补偿合金元素的烧损,减少飞溅,要求焊丝成分中含有一定数量的脱氧元素,如锰、硅等,同时,焊丝中碳含量应低,一般碳含量小于0.1%。

CO_2气体保护焊常用焊丝见表7-1。

表7-1 CO_2气体保护焊常用焊丝

焊丝牌号	合金元素的质量分数(%)						用 途
	C	Si	Mn	Cr	S	P	
H08MnSi	≤0.1	0.7～1.0	1.0～1.3	≤0.2	<0.03	<0.01	焊接低碳钢、低合金钢
H08MnSiA	≤0.1	0.6～0.85	1.4～1.7	≤0.2	<0.03	<0.035	焊接低碳钢、低合金钢
H08Mn2SiA	≤0.1	0.7～0.95	1.8～2.1	≤0.2	<0.03	<0.035	焊接低碳钢、低合金钢、低合金高强度钢

CO_2气体保护焊焊接时选用焊丝,应根据焊件材料的性质、焊接接头的力学性能要求以及有关质量要求而定。如焊接低碳钢和低合金结构钢,可选用H08MnSiA焊丝。

CO_2气体保护焊用焊丝直径通常在0.5～5mm范围内选取。半自动CO_2焊时主要用直径为0.5mm、0.8mm、1.0mm、1.2mm等的细焊丝;自动CO_2焊除可采用细焊丝外，还可采用直径为1.6mm的粗焊丝。焊丝表面有镀铜和不镀铜两种，镀铜的目的是防止焊丝生锈，有利于焊丝的存放和改善导电性。

（2）药芯焊丝　药芯焊丝是用薄钢带卷成圆形管或异形管，在其管中填充一定成分的药粉经拉制而成的焊丝，通过调整药粉的成分和比例，可获得不同性能和不同用途的焊丝。

2. CO_2 气体

纯 CO_2 是无色、无嗅的气体，有酸味，密度为1.977kg/m^3，比空气重。

工业上使用的一般为瓶装液态 CO_2，既经济又方便，并规定钢瓶主体喷成银白色，用黑漆标明“二氧化碳”字样。标准钢瓶容量为40L，可灌入25kg液态的 CO_2，约占钢瓶容积的80%，其余20%的空间充满了 CO_2 气体，气瓶压力表上指示的就是这部分气体的饱和压力，且其压力大小与环境温度有关，温度高时，饱和气压增高，温度降低时，饱和气压降低。因此，应防止 CO_2 气瓶靠近热源或让烈日暴晒，以免发生爆炸事故。当气瓶内的液态 CO_2 全部挥发成气体后，气瓶内的压力才逐渐下降。

目前国内焊接使用的 CO_2 气体，主要是酿造厂、化工厂的副产品，含水分较高，纯度不稳定。CO_2 气体焊接时，水分的危害较大，因此，一般要求焊接用 CO_2 气体的纯度应不低于99.5%（体积分数），其含水量不超过0.005%（质量分数）。

为保证焊接质量，应对这种瓶装气体进行处理，以减少其中的水分和空气，提高 CO_2 气体纯度。焊接现场降低 CO_2 气体中水分含量的措施有以下几种：

①将灌气后的气瓶倒置，静立1～2h，使瓶内处于自然状态的水分沉积于瓶口顶部，然后打开瓶口气阀，放水2次，每次放水时间间隔约30min。

②使用前先打开瓶口气阀，放掉瓶内上部纯度较低的气体，然后再接输气管。

③在焊接气路系统中串接干燥器，以进一步减少 CO_2 气体的水分。

④气瓶中压力降到1MPa时，应停止用气。因为气瓶中液态 CO_2 用完后，气体的压力将随气体的消耗而下降，当气瓶压力降至1MPa以下时，CO_2 中所含的水分将增加1倍以上，如果继续使用，焊缝中将产生气孔，焊接对水比较敏感的金属时，当瓶中气压降至1.5MPa时就不宜再用了。

7.1.3　焊接参数及选择

CO_2 气体保护焊的焊接参数主要包括焊丝直径、焊接电流、电弧电压、焊接速度、焊丝伸出长度、电源极性、焊枪倾角、气体流量等。

1. 焊丝直径

焊丝直径一般根据工件的厚薄、焊接位置及生产效率等要求来选择。焊丝直径的选择见表7-2。

2. 焊接电流

焊接电流是重要的焊接参数之一，应根据焊丝直径、焊接位置及要求的熔滴过渡形式来选择焊接电流的大小。焊丝直径与使用电流的关系见表 7-3。

表 7-2 焊丝直径的选择

焊丝直径/mm	工件厚度/mm	焊接位置	熔滴过渡形式
0.8	1～3	各种位置	短路过渡
1.0	1.5～6	各种位置	短路过渡
1.2	2～12	各种位置	短路过渡
1.6	6～25	各种位置	短路过渡
2.0	中厚	平焊、横角焊	细颗粒过渡

表 7-3 焊丝直径与使用电流的关系

焊丝直径/mm	使用电流范围/A	适应板厚/mm
0.8	50～150	0.8～2.5
1.0	90～250	1.5～6.0
1.2	120～350	2.0～12
1.6	300～500	6.0 以上

3. 电弧电压

电弧电压是重要的焊接参数之一。为保证焊缝成形良好，电弧电压必须与焊接电流匹配。通常焊接电流小时，电弧电压较低；焊接电流大时，电弧电压较高。在焊接打底层焊缝时，常采用短路过渡方式；在立焊和仰焊时，电弧电压应略低于平焊位置，以保证短路过渡过程稳定。在细丝焊接时，电弧电压为 16～24V；粗丝焊接时，电弧电压为 25～36V。采取短路过渡时，电弧电压应与焊接电流有一个最佳的配合范围，具体内容见表 7-4。

表 7-4 短路过渡时电弧电压与电流之间的关系

焊接电流/A	电弧电压/V	
	平焊	立焊和仰焊
75～120	18～21	18～19
130～170	19～23	18～21
180～210	20～24	18～22
220～260	21～25	—

4. 焊接速度

焊接速度应根据焊件材料的性质与厚度来确定。焊接时电弧将熔化金属吹开，在电弧下形成一个凹坑，随后将熔化的焊丝金属填充进去，如果焊接速度太快，这个凹坑不能完全被填满，将产生咬边或下陷等缺陷；相反，若焊接速度过慢，熔敷金属堆积在电弧下方，使熔深减小，将产生焊道不均、未熔合、未焊透等缺陷。

一般半自动CO_2焊时，焊接速度在15～40m/h的范围内；自动CO_2焊时，焊接速度在15～30m/h的范围内。

5. 焊丝伸出长度

焊丝伸出长度是指从导电嘴端部到焊件的距离，保持焊丝伸出长度不变是保证焊接过程稳定的基本条件之一。焊丝伸出长度过小时，妨碍观察电弧，影响操作，还容易因导电嘴过热夹住焊丝，甚至烧毁导电嘴，破坏焊接过程正常进行；焊丝伸出长度过大时，电弧位置变化较大，保护效果变坏，焊缝成形不好，容易产生缺陷。通常焊丝伸出长度近似等于10倍的焊丝直径。

6. 电源极性

CO_2气体保护焊通常都采用直流反接，即焊件接负极，焊丝接正极，焊接过程稳定、飞溅小、熔深大。但在堆焊、铸铁补焊及大电流高速CO_2气体保护焊时，大多采用直流正接，即工件接正极，焊丝接负极。在电流相同时，焊丝熔化快（其熔化速度是直流反接的1.6倍），熔深较浅、堆敷速度快、稀释率较小，但飞溅较大。

7. 焊枪倾角

当焊枪倾角小于10°时，不论是前倾还是后倾，对焊接过程及焊缝成形都没有明显的影响；但倾角过大（如前倾角大于25°）时，将增加熔宽并减小熔深，还会增加飞溅。

8. 气体流量

不同的接头形式，其焊接参数及作业条件对气体流量的选择都有影响。通常，细焊丝焊接时，气体流量为8～15L/min，而粗焊丝焊接时，气体流量可达25L/min。

7.1.4 CO_2气体保护焊的危害与安全操作规程

1. 焊接安全知识

（1）防辐射和灼伤　CO_2气体保护焊时，由于电流密度大，弧温高，所以紫外线比一般焊条电弧焊强得多，容易引起电光性眼炎、皮肤灼伤、出现红斑等症状。因此，工作时必须穿帆布工作服，戴焊工手套，以防辐射的伤害，也防飞溅灼伤。同时，要戴表面涂有氧化锌油漆的面罩，面罩上应镶有9～12号的护目玻璃片，以保证全部吸收波长在2000～4000A的紫外线。并且各焊接工作位置之间应设置专用的遮光屏。

（2）防中毒　CO_2气体保护焊时，不仅产生烟雾和金属粉尘，而且还产生一氧化碳、臭氧、二氧化氮等有毒气体和烟尘。这些有毒气体和烟尘对人体都有害，其中一氧化碳毒性最大。因此，焊接场地要安装排风装置，使空气对流，在一些特别恶劣的环境下操作时，应该直接向焊工工作场地输送新鲜空气或采用特制的能供给新鲜空气的面罩。

2. 操作规程

(1)选择正确的持枪姿势 CO_2气体保护焊的焊枪比焊条电弧焊的焊钳重,另外焊枪的送丝导管也会影响焊工的操作,为了减轻焊工的劳动强度,使其能够长时间工作,必须根据焊接位置选择正确的持枪姿式,如图 7-2 所示。

①一般情况下,持枪手臂处于自然状态,用身体的某个部位承担焊枪的重量,这样手腕才能灵活地带动焊枪平移或转动。

②软管电缆最小的曲率半径应大于 300mm,防止增大焊丝送进阻力。

③焊接过程中应保证焊枪倾角不变,并能清楚、方便地观察熔池。

④将送丝机放在合适的地方,保证焊枪能在需要焊接的范围内自由移动。

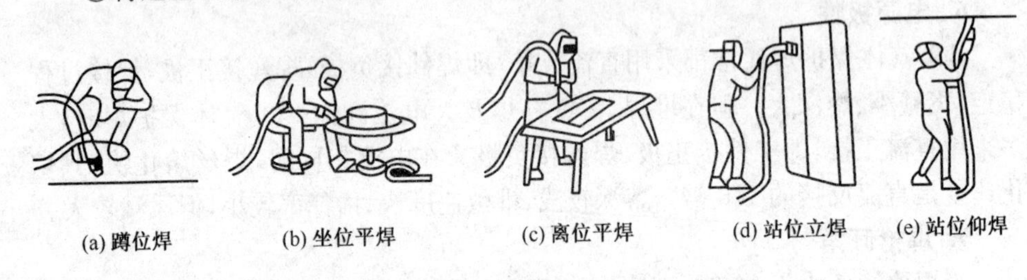

(a) 蹲位焊　(b) 坐位平焊　(c) 离位平焊　(d) 站位立焊　(e) 站位仰焊

图 7-2 焊接不同位置焊缝时的持枪姿势

(2)其他注意事项

①正确控制焊枪与工件间的倾角和喷嘴高度。

②保持焊枪匀速向前移动。

③保持摆幅一致的横向摆动。

焊接过程中不提倡采用较大的横向摆动来获得较宽的焊缝,而应采用多层多道焊的施焊方法。焊枪摆动方法基本与焊条电弧焊相同。

7.2 CO_2气体保护焊设备的使用及维护

7.2.1 设备的组成

半自动 CO_2气体保护焊主要设备由焊接电源、供气系统、送丝机构、控制系统和焊枪五部分组成,如图 7-3 所示。半自动与自动焊的主要区别就是焊枪的操作,半自动焊需要焊工手持焊枪操作(焊枪自动送丝),自动焊则完全由电气控制,焊工操作电气按钮完成焊接。

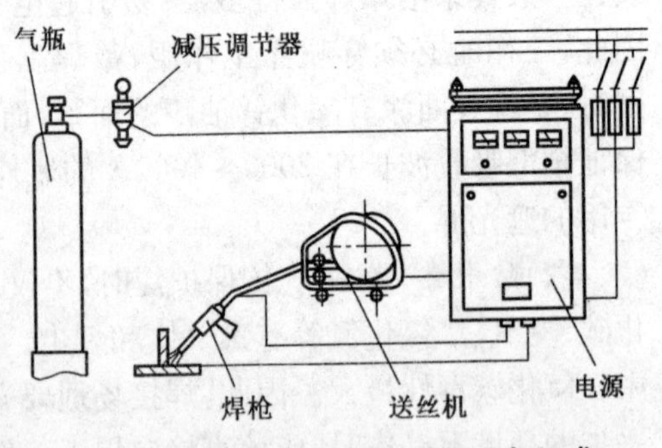

图 7-3 半自动 CO_2 气体保护焊设备组成

(1)CO_2气体保护焊的电源均为直流电源 CO_2气体保护焊电源分为硅整流电源和旋转式直流弧焊机两大类。旋转式直流弧焊机体积大、噪声大、制造工艺复杂，且内部电扰大，已属淘汰产品，不再生产，但仍有使用。

(2)CO_2气体保护焊电源的种类。根据焊接参数调节方法的不同，焊接电源可分为一元化调节电源、多元化调节电源。

①一元化调节电源。这种电源只需用一个旋钮调节焊接电流，控制系统自动使电弧电压保持在最佳状态，如果焊缝效果不佳，可适当调整焊接电压，以保持最佳匹配。这类焊机使用时特别方便。

②多元化调节电源。这种电源的焊接电流和电弧电压分别用两个旋钮调节，但这种控制方式调节参数较麻烦。

(3)焊接电源的基本参数

①负载持续率。我国规定额定负载持续率为60%，即在5min内，连续累计燃弧3min，辅助时间为2min的负载持续率。

②额定焊接电流。在额定负载持续率下，允许使用的最大焊接电流称为额定焊接电流。

③允许使用的最大焊接电流。当负载持续率低于60%时，允许使用的最大焊接电流比额定焊接电流大，负载持续率越低，可以使用的焊接电流越大。

7.2.2 设备的安装调试

1. 安装要求

①电源电压、开关、熔丝容量必须符合焊机铭牌上的要求，千万不能接错。

②每台设备都用一个专用的电源开关，设备与墙距离应大于0.3m，保证通风良好。设备导电外壳必须接地线，地线截面必须大于$12mm^2$。

③凡需用水冷却的焊枪，在安装处必须有充足可靠的冷却水，冬天应注意防冻。

④根据焊接电流的大小，正确选择电缆软线的截面。

2. 焊机的安装步骤

焊机安装前必须认真地阅读设备使用说明书，搞清基本要求后才能按下述步骤进行安装。

①查清电源的电压开关和熔丝的容量。

②焊接电源的导电外壳必须可靠接地。

③按照使用要求将焊接电源输出端接好。CO_2气体保护焊通常都采用直流反接，可获得较大的熔深和生产效率。如果用于堆焊，为减小堆焊层的稀释率，最好采用直流正接。

④连接流量计至焊接电源及焊接电源至送丝机处的送气管道。

⑤将减压流量调节器上预热器的电缆接头插入焊机插座，并拧紧(接通预热

器电源)。

⑥接好焊枪与送丝机。

⑦接好水冷却焊枪的冷却水系统，冷却水的流量和水压必须符合要求。

⑧接好焊接电源至供电电源开关间的电缆。

7.2.3　焊接设备的维护及故障排除

1. 半自动CO_2焊机常见故障及排除方法

半自动CO_2焊机常见故障及排除方法见表7-5。

表7-5　半自动CO_2焊机常见故障及排除方法

故障性质	产生原因	排除方法
焊丝送给不均匀	①送丝滚轮压紧力不足。 ②送丝滚轮磨损。 ③焊丝弯曲。 ④导电嘴内孔过小	①调节滚轮压紧力。 ②换新件。 ③校直。 ④换新件
送丝电动机不转动	①电动机励磁线圈或电枢导线断路。 ②电刷与换向器接触不良	①更换励磁线圈，接通导线。 ②调整弹簧对电刷的压紧力
焊接电压低	①网路电压低。 ②三相电源断路，可能有单相熔丝断路或有硅整流元件单相击穿。 ③三相变压器单相断电或短路。 ④接触器单相不供电。 ⑤分挡开关导线脱焊	①转动分挡开关使电压上升。 ②更换新件。 ③查出断电或短路原因并排除。 ④修理接触器接触点。 ⑤找出脱焊处并焊好
焊接过程中熄弧，焊接参数波动大	①导电嘴在引弧后损坏。 ②焊丝弯曲送不出。 ③焊接参数不合理。 ④导丝管损坏。 ⑤导电嘴内孔直径太大	①换新件。 ②校直焊丝。 ③重新调整焊接参数。 ④换新件。 ⑤更换合适的导电嘴
未按送丝按钮红灯亮，导电嘴碰到焊件短路	交流接触器触点常闭	更换或修理接触器

2. 使用CO_2焊机的注意事项

①初次使用焊机前，必须认真阅读说明书，了解与掌握焊机性能，并在有关人员指导下进行操作。

②严禁焊接电源短路。

③严禁用兆欧表(摇表)去检查焊机主要电路和控制电路，如需检查焊机绝缘

情况或其他问题，使用兆欧表时，必须将硅元件及半导体器件摘掉，方能进行。

④使用焊机必须在室温不超过40℃，湿度不超过85%，无有害气体和易燃易爆气体的环境中；CO_2气瓶不得靠近热源或在阳光下直接照射。

⑤焊机接地必须可靠。

⑥焊枪不准放在焊机上，也不得随意乱扔乱放，应放在安全可靠的地方。

⑦经常注意焊丝滚轮的送丝情况，如发现因送丝滚轮磨损而出现的送丝不良，应更换新件；使用时不宜把压丝轮调得过紧，但也不能太松，调到焊丝输出稳定可靠为宜。

⑧定期检查送丝机齿轮箱的润滑情况，必要时应添加或更换新的润滑油。

⑨经常检查导电嘴的磨损情况，磨损严重时应及时更换。

⑩半自动CO_2焊机的送丝电动机要定期检查电刷的磨损程度，磨损严重时要调换新电刷。

⑪必须定期对半自动CO_2焊机的焊丝输送软管以及弹簧管的工作情况进行检查，防止出现漏气或送丝不稳定的故障。对弹簧软管的内部要定期清洗，并排除管内脏物。

7.3 CO_2气体保护焊操作技能

7.3.1 CO_2气体保护焊基本操作技能

1. 引弧

半自动CO_2气体保护焊引弧，常采用短路引弧法。引弧前，首先将焊丝端头较大直径的球剪去，使之成锐角，以防产生飞溅，造成焊接缺陷。焊丝端头修剪如图7-4所示。

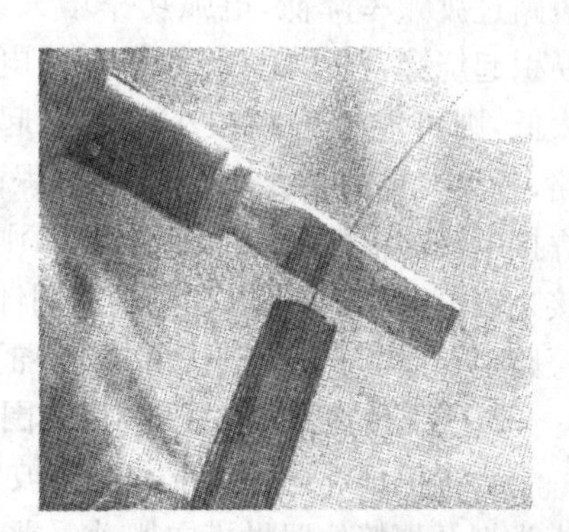

图7-4 修剪焊丝

引弧时，注意保持正确的焊接姿势，同时，保持焊丝端头与工件表面相距2～3mm。然后，按下焊枪开关，随后自动送气、送电、送丝，直至焊丝与工件表面相碰而短路起弧。此时，由于焊丝与工件接触而产生一个反弹力，焊工应紧握焊枪，勿使焊枪因冲击而回升，一定要保持喷嘴与工件表面的距离恒定，这是防止引弧时产生缺陷的关键点。

重要焊件进行焊接时，为消除在引弧时产生飞溅、烧穿、气孔及未焊透等缺陷，可采用引弧板。不采用引弧板而直接在焊件端部引弧时，可在焊缝始端前20mm左右处引弧后，立即快速返回起始点，然后开始焊接。

2. 焊接

采用左焊法,焊枪角度如图 7-5 所示。焊枪沿装配间隙前后摆动或小幅度横向摆动。摆动幅度不能太大,以免产生气孔;熔池停留时间不宜过长,否则容易烧穿。

在焊接过程中,正常熔池呈椭圆形,如出现椭圆形熔池被拉长,即为烧穿前兆。这时应根据具体情况,改变焊枪操作方式以防止烧穿。另外,在焊接过程中焊丝不可超越熔池,应保持焊丝与熔池前端相切,如图 7-6 所示。

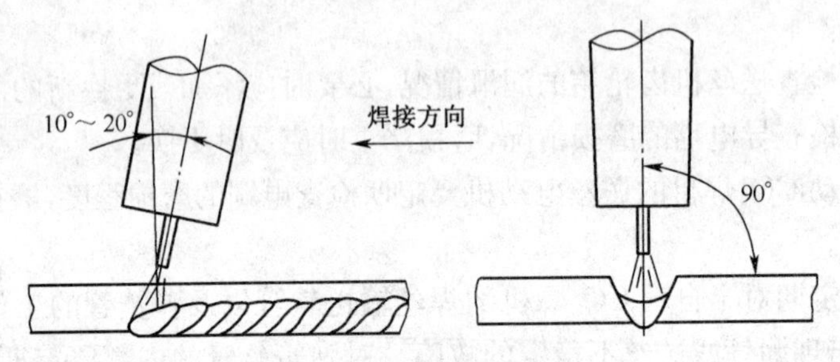

图 7-5 左焊法焊枪角度

采用短路过渡的方式进行焊接时,由于选择的焊接电流较小,电弧电压较低,要特别注意保证焊接电流与电弧电压相匹配。如果电弧电压太高,则熔滴短路过渡频率降低,电弧功率增大,容易引起烧穿,甚至熄弧;如果电弧电压太低,则可能在熔滴很小时就引起短路,产生严重的飞溅,影响焊接过程;当焊接电流与电弧电压匹配恰当时,则焊接过程电弧稳定,可以观察到周期性的短路,听到均匀的、周期性的"啪、啪"声,熔池平稳,飞溅小,焊缝成形好。

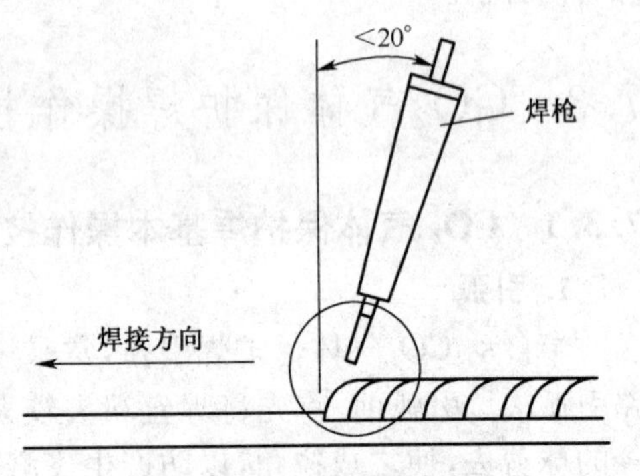

图 7-6 焊丝与熔池相对位置

3. 焊枪的摆动方式及应用范围

为了保证焊缝的宽度和两侧坡口的熔合,CO_2气体保护焊时要根据不同的接头类型及焊接位置做横向摆动。常见的摆动方式及应用范围见表 7-6。

表 7-6 焊枪的摆动方式及应用范围

摆动方式	应用范围
←	薄板及中厚板的第一层焊缝
∧∧∧∧∧∧∧∧∧∧∧∧∧∧∧∧∧∧∧∧	小间隙中厚板打底层焊接

续表 7-6

摆动方式	应用范围
	第二层横向摆动、焊接厚板等
	堆焊、多层焊接时的第一层
	大间隙
⑧ ⑥⑦④⑤②③ ①	薄板根部有间隙、坡口有钢垫板或施工物时

为了减少热输入,减小热影响区,减少变形,通常不采用大的横向摆动来获得宽焊缝,推荐采用多层多道焊接方法来焊接厚板。当坡口小时,可采用锯齿形较小的横向摆动,两侧停留 0.5s 左右;而当坡口大时,可采用弯月形的横向摆动,两侧停留 0.5s 左右,如图 7-7 所示。

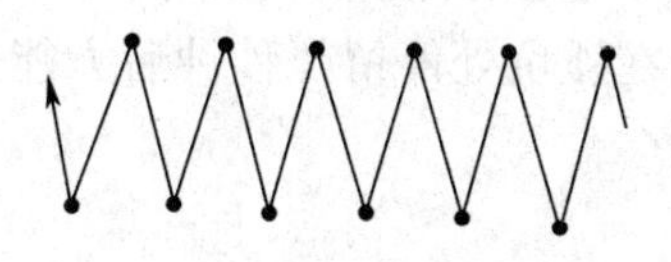

(a) 锯齿形摆动

(b) 弯月形摆动

图 7-7 焊枪摆动形状

4. 接头操作

在焊接过程中,焊缝接头是不可避免的,而焊接接头处的质量又是由操作手法所决定的。下面介绍两种接头处理方法。

①当无摆动焊接时,可在弧坑前方约 20mm 处引弧,然后快速将电弧引向弧坑,待熔化金属填满弧坑后,立即将电弧引向前方,进行正常操作,如图 7-8a 所示。

②当采用摆动焊时,在弧坑前方约 20mm 处引弧,然后快速将电弧引向弧坑,到达弧坑中心后开始摆动并向前移动,同时,加大摆动转入正常焊接,如图 7-8b 所示。

5. 收弧

焊接结束前必须收弧,若收弧不当则容易产生弧坑,并出现弧坑裂纹、气孔等缺陷。

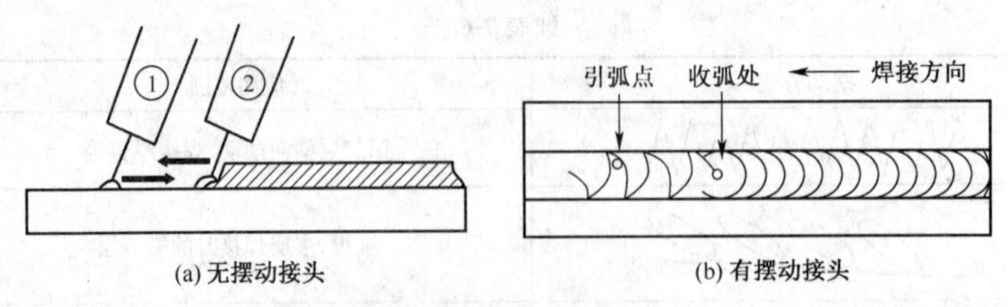

图 7-8 接头处理方法

对于重要焊件,可采用收弧板,将电弧引至试件之外,省去弧坑处理的操作。若焊接电源有“收弧”控制电路,则在焊接前将面板上开关扳至“收弧”挡,如图 7-9 所示。焊接结束收弧时,焊接电流和电弧电压会自动减少到适宜的数值,将弧坑填满。

如果焊接电源没有收弧控制装置,通常采用多次断续引弧填充弧坑的办法,直到填平为止,如图 7-10 所示。操作时动作要快,若熔池已凝固再引弧,则容易产生气孔、未焊透等缺陷。

收弧时,特别要注意克服焊条电弧焊的习惯性动作,不能将焊枪向上抬起。CO_2气体保护焊收弧时如将焊枪抬起,则破坏弧坑处的保护效果。同时,即使在弧坑已填满,电弧已熄灭的情况下,也要让焊枪在弧坑处停留几秒钟后方能移开,保证熔池凝固时得到可靠的保护。

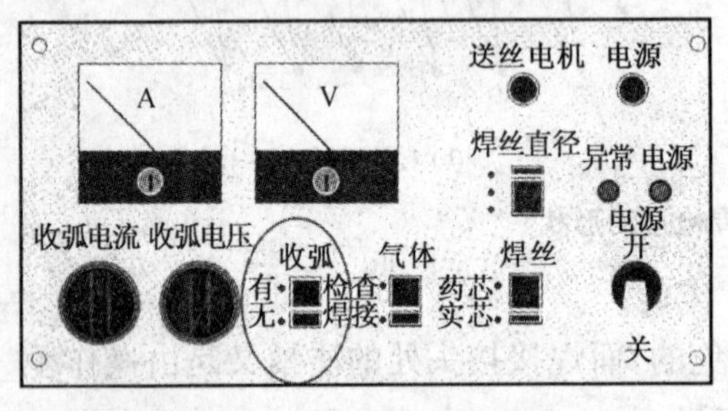

图 7-9 CO_2 气体保护焊焊机“收弧”挡

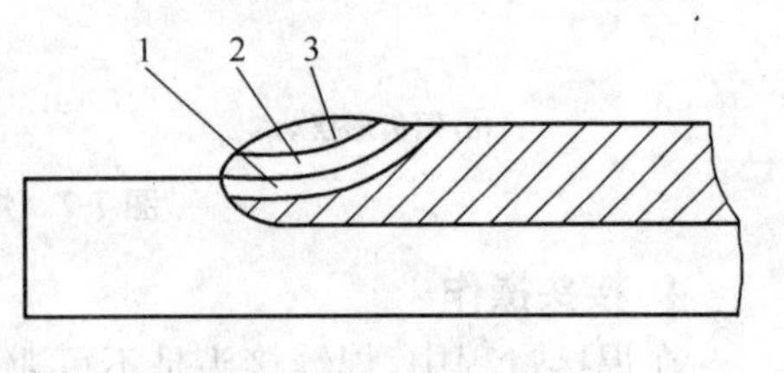

图 7-10 断续填丝法

6. 定位焊

CO_2气体保护焊热输入较焊条电弧焊更大,这就要求定位焊缝有足够的强度。同时,由于定位焊缝将保留在焊缝中,因此焊接定位焊缝时,不能有缺陷,焊接过程中也很难重熔,因此定位焊缝的焊接要求与正式焊缝一样。

7.3.2 低碳钢板或低合金钢板对接 CO_2 气体保护平位焊

1. 焊前准备

(1)焊接设备 CO_2气体保护焊焊机 NBC—300,CO_2气瓶、CO_2减压流量调节器和水冷焊枪。

(2)试件材料 低碳钢板 2 块,规格为 300mm×100mm×12mm, 60°V 形坡

口，如图 7-11 所示。

(3)焊接材料　CO_2气体（纯度大于 99.5%），焊丝为 $H08Mn_2Si$，直径为 1.2mm。

(4)辅助工具　头盔式面罩、10 号电焊镜片、帆布工作服、绝缘鞋和绝缘手套。

2. 操作要点

(1)试件清理　焊接前先用角向磨光机或其他方法去除焊件坡口两侧 20mm 范围内的油污、铁锈及其他污物，直至露出金属光泽。

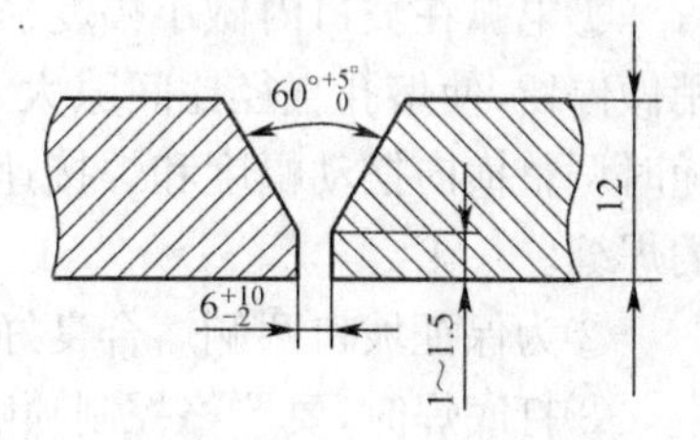

图 7-11　试件坡口形式

(2)电源极性　直流反接。

(3)试件装配尺寸与定位焊　定位焊应在试件两端各 20mm 的坡口内，定位焊缝长度不大于 15mm，并焊接牢固。CO_2气体保护焊板对接平焊的装配尺寸见表 7-7，反变形角度为 3°。

表 7-7　板对接平焊装配尺寸　(mm)

根部间隙		钝边	错边量
始焊端	终焊端		
3	4	1～1.5	≤10%δ (δ 为板厚)

(4)焊接层次及焊接参数　焊接层次为三层三道，焊接参数见表 7-8。

表 7-8　板对接平焊焊接参数

焊道分布	焊接层次	焊丝伸出长度/mm	焊接电流/A	焊接电压/V	气体流量/(L/min)
3 2 1	打底层	16～20	90～110	18～20	10～12
	填充层		220～240	21～23	16～20
	盖面层		230～250	25	18～20

(5)焊枪及焊丝角度　焊枪及焊丝角度如图 7-12 所示。

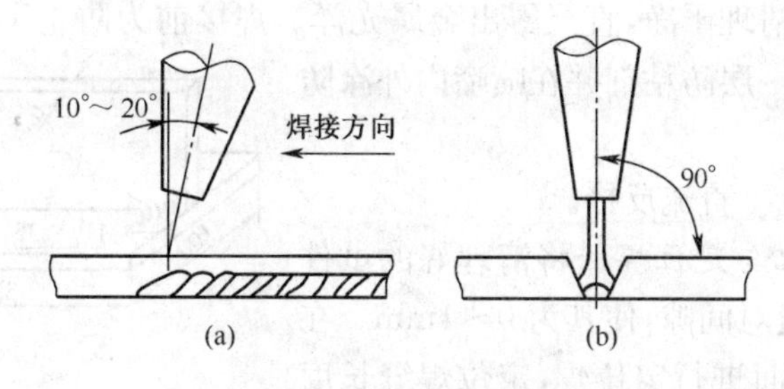

图 7-12　焊枪及焊丝角度

(6)打底层的焊接　打底层的焊接采用左向焊法，间隙小的放在右端。调整好焊枪角度后，在焊件右端起焊，距右端头约20mm处坡口的一侧引弧，待电弧引燃后迅速右移至焊件右端头，然后向左开始焊接打底层焊道。施焊时，焊枪沿坡口两侧做小幅度横向摆动，并控制电弧在坡口底部2～3mm处燃烧，当坡口底部熔孔直径达到3～4mm时转入正常焊接。打底层焊接时应注意以下几方面：

①电弧在坡口内做小幅度横向摆动，摆动幅度要一致，摆动时要在坡口两侧稍做停留，使熔孔直径比间隙大0.5～1mm。同时焊接过程中要仔细观察熔孔，随时调整横向摆动幅度和焊接速度，使熔孔的大小一致，以获得宽窄和高低均匀的焊缝。

②为保证坡口两侧熔合良好，电弧在坡口两侧应稍作停留。

③打底焊时，要严格控制喷嘴的高度，电弧必须在离坡口底部2～3mm处燃烧，保证打底层厚度不超过4mm。

(7)填充层的焊接　焊接填充层时采用左向焊法。焊枪的角度与打底焊相同，横向摆动的幅度比打底焊时稍大，并注意熔池两侧的熔合情况，保证焊道表面平整并稍向下凹。焊接填充层时不允许烧化坡口边缘，应使焊缝低于焊件表面2mm左右。

(8)盖面层的焊接　盖面层的焊接采用左向焊法进行焊接，焊枪的角度与打底焊相同。

7.3.3　低碳钢板或低合金钢板的角接和T形接头熔化极气体保护焊

1. 焊前准备

(1)焊接设备　NBC—300型半自动CO_2气体保护焊焊机，配有平硬外特性电源、CO_2气瓶、减压流量调节器、推丝式送丝机构。

(2)试件材料　Q235钢板2块，尺寸为300mm×100mm×6mm。

(3)焊接材料　焊丝H08Mn2SiA，直径为1.2mm。

(4)辅助工具　头盔式面罩、10号电焊镜片、帆布工作服、绝缘鞋和绝缘手套。

2. 操作要点

(1)试件清理　装配前将试件焊缝区域正反面各20mm范围内的油污、锈蚀、水分和氧化皮等清理干净，直至露出金属光泽。焊接前为防止飞溅物堵塞喷嘴，应在试件表面涂一层防粘剂并在喷嘴内外涂防堵剂。

(2)电源极性　直流反接。

(3)试件装配与定位焊　将清理好的试件对齐找正，调整组对间隙，使其为0～1mm。在试件两端头的两面进行定位焊，定位焊缝长度为10～35mm，应窄小而牢固，如图7-13所示。

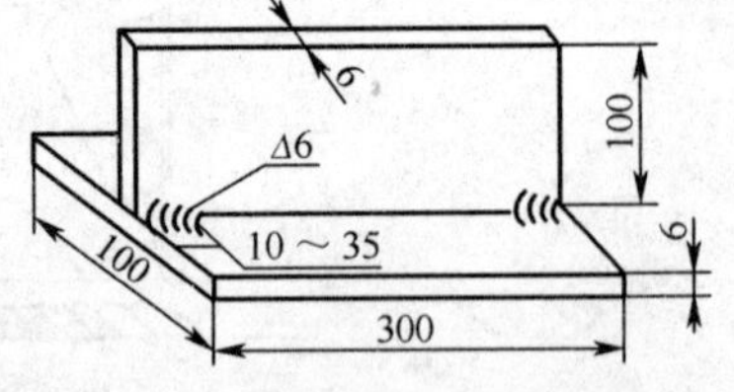

图7-13　试件装配示意图

(4)焊接参数　焊接参数见表7-9。

表7-9　板材平角焊的焊接参数

板厚/mm	焊接层次	焊丝直径/mm	焊丝伸长度/mm	焊接电流/A	电弧电压/V	气体流量/(L/min)	焊接速度/(cm/min)
6	一层一道	1.2	14～18	160～220	20～24	10～16	35～40

3. 焊接注意事项

焊接时，注意焊枪角度和指向位置，采用左焊法一层一道焊接。焊枪的下倾角为35°～45°，焊枪的后倾角为10°～20°，如图7-14所示。这样电弧的吹力吹向立板一侧，电弧运至下侧稍低位置，对熔池熔化金属有助推的作用，可避免焊道下坠。引弧时，焊枪指向根部下侧1～2mm处，焊接电流可稍大一些，并适当做斜锯齿形或斜椭圆运弧，如图7-15所示。如果焊枪指向的位置和角度不正确或焊接速度过慢都会使熔化金属下坠，造成上面咬边、焊脚大小差别太大，如图7-16所示。

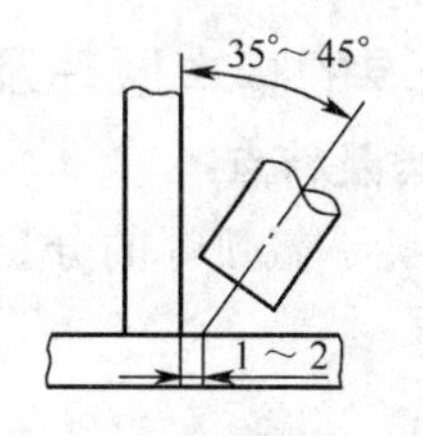

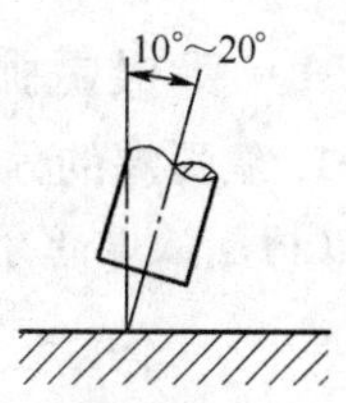

图7-14　平角焊焊枪角度

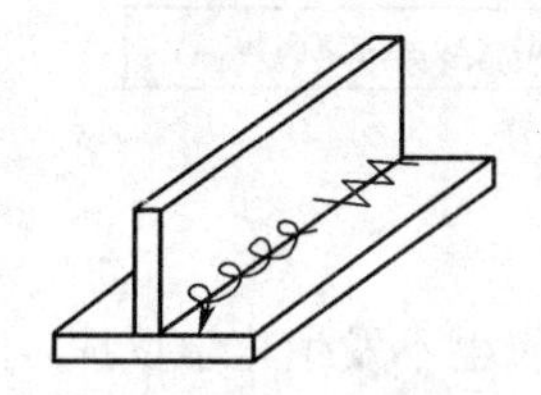

图7-15　平角焊运弧方法

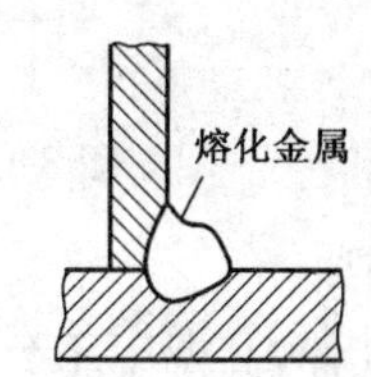

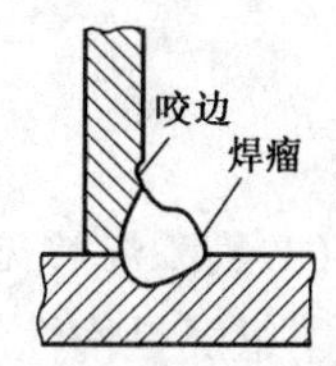

图7-16　平角焊运弧不当缺陷示意图

同时，焊接时还应注意焊丝不能伸出太长，否则焊丝过热会造成熔断；焊接电流、电弧电压要匹配适当，否则飞溅大，容易堵塞喷嘴，气体保护效果减弱；控制气体流量，气体流量太大会造成气体紊流，流量过小保护效果不好，易产生缺陷；焊接时由于是短路过渡，焊接速度不能过快，否则会产生咬边、未焊透、气孔等缺陷。

8 手工钨极氩弧焊

8.1 钨极氩弧焊基本知识

8.1.1 钨极氩弧焊的基本原理及特点

1. 氩弧焊的分类及特点

(1)氩弧焊的分类　氩弧焊的分类如图 8-1 所示。

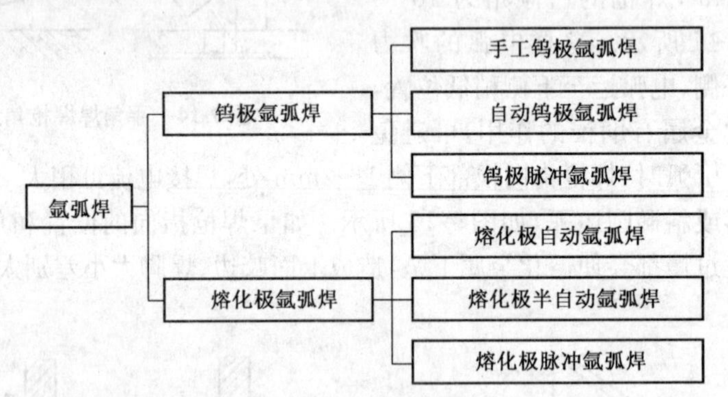

图 8-1　氩弧焊的分类

(2)氩弧焊的优点

①氩气是惰性气体,高温下不分解,与焊缝金属也不发生化学反应,不溶解于液态金属,故保护效果最佳,能有效地保护熔池金属,是一种高质量的焊接方法。

②氩气是单原子气体,高温无二次吸放热分解反应,导电能力差;氩气流产生的压缩效应和冷却作用,使电弧热量集中,温度高,电弧稳定性好,即使在低电流下电弧还能稳定燃烧。

③氩弧焊热量集中,从喷嘴中喷出的氩气有冷却作用,故焊缝热影响区窄,焊件的变形小。

④氩弧焊用氩气作保护,无熔渣,提高了工作效率且焊缝成形美观、质量好。氩弧焊明弧操作,熔池可见性好,便于观察和操作,技术容易掌握。

⑤氩弧焊适合各种位置的焊接,容易实现机械化。

⑥除黑色金属外,还可用于焊接不锈钢、铜、铝等有色金属及其合金。

(3)氩弧焊的缺点

①氩气及焊接设备成本较高,因此,氩弧焊目前主要用于不锈钢薄板、重要结构打底层及有色金属的焊接。

②氩气电离势高,引弧困难。尤其是钨极氩弧焊,需要采用高频引弧及稳弧

装置等。

③氩弧焊产生的紫外线强度是焊条电弧焊的5～30倍，在紫外线照射下，空气中氧分子、氧原子互相撞击生成臭氧，其浓度为焊条电弧焊的4.4倍。

④氩弧焊使用的钍钨极具有放射性。

⑤氩弧焊产生的氮氧化物为焊条电弧焊的7倍。

2. 钨极氩弧焊的工作原理

钨极氩弧焊又称为不熔化极氩弧焊，简称为TIG焊。钨极氩弧焊是使用高熔点的钨棒作为电极，在氩气流保护下，利用钨极与焊件之间的电弧热量来熔化母材及填充焊丝，形成焊缝。其焊接过程如图8-2所示。

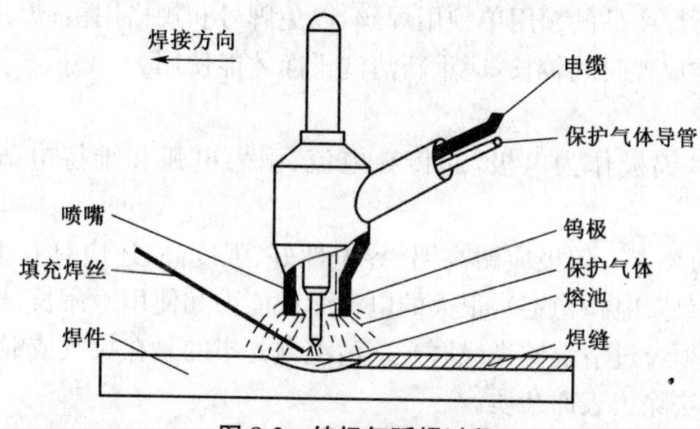

图8-2 钨极氩弧焊过程

8.1.2 钨极氩弧焊的焊接材料

1. 焊丝

手工钨极氩弧焊时，焊丝是填充金属，它与熔化的母材混合形成焊缝；熔化极氩弧焊时，焊丝除上述作用外，还起传导电流、引弧和维持电弧燃烧的作用。

(1)对焊丝的要求

①焊丝的化学成分应与母材的性能相匹配，而且要严格控制其化学成分、纯度和质量。

②为了补偿焊接过程中化学成分的损失，焊丝的主要合金成分应比母材稍高。

(2)焊丝的分类 氩弧焊用焊丝主要分为钢焊丝和有色金属焊丝两大类。

①钢焊丝。氩弧焊用的焊丝应尽量选用专用焊丝，以减少主要化学成分的变化，保证焊缝的力学性能和熔池液态金属的流动性，获得良好的焊缝成形，避免产生裂纹等缺陷。

②有色金属焊丝。焊接不锈钢，铜、铝、镁及其合金时，一般均采用与母材化学成分相当的填充金属作为氩弧焊焊丝。如果没有合适的焊丝，可用与母材成分相同的薄板剪成小条当焊丝用。

(3)焊丝的使用与保管

①焊丝的使用。氩弧焊所用的焊丝一般应与母材的化学成分相近，不过从耐蚀性、强度及表面形状考虑，焊丝的成分也可与母材不同。异种母材（奥氏体与非奥氏体）焊接时所选用的焊丝，应考虑焊接接头的抗裂性和碳扩散等因素。当异种母材的组织接近，仅强度级别有差异时，则选用的焊丝合金含量应介于两者之间；当一侧为奥氏体不锈钢时，可选用镍含量较高的不锈钢焊丝。

②焊丝的清理。氩弧焊焊丝在使用前应采用机械方法或化学方法清除其表面的油脂、锈蚀等杂质，并使之露出金属光泽。

③焊丝的保管。焊丝应按类别、规格存放在清洁、干燥的仓库内，并有专人保管；焊工应按所焊产品的领用单领用焊丝，以免牌号和规格用错；焊工领用焊丝后应及时使用，如放置时间较长，应重新清洗干净才能使用。

2. 钨极

氩弧焊时，钨极作为电极，起传导电流、引燃电弧和维持电弧正常燃烧的作用。

(1)钨极的要求　钨极应耐高温、导电性好、强度高，还应具有很强的发射电子能力（引弧容易、电弧稳定），很大的电流承载能力和使用寿命长、抗污染性好等特点。钨极必须经过清洗抛光或磨光。清洗抛光指的是在拉拔或锻造加工之后，用化学清洗方法除去表面杂质。

(2)钨极的种类及规格

①钨极的种类。目前常用的钨极按其化学成分分为纯钨极、钍钨极和铈钨极三种。

纯钨极：其牌号是 W1，W2，价格不太昂贵，一般用在要求不严格的场合；使用交流电时，纯钨极电流承载能力较低，抗污染能力差，要求焊机有较高的空载电压，故目前很少采用。

钍钨极：其牌号是 WTh－7、WTh－10、WTh－15，具有电子发射率较高，电流承载能力较好，使用寿命较长并且抗污染性能较好，引弧比较容易，电弧比较稳定等优点；其缺点是成本较高，具有微量放射性。

铈钨极：其牌号是 WCe－20，与钍钨极相比，直流小电流焊接时易建立电弧，且电弧燃烧稳定，弧柱的压缩程度较好，热量集中，烧损率低，修磨端部次数少，使用寿命长，最大许用电流高，并且放射性极低，是我国建议尽量采用的钨极。

②钨极的规格。常用钨极的规格以直径（mm）表示，通常有 0.5、1.0、1.6、2.0、2.5、3.2、4.0、5.0 等多种，制造厂家供给的钨极长度范围为 76～610mm。

(3)钨极端部几何形状及其加工　钨极端部的形状对焊接电弧燃烧的稳定性及焊缝的成形影响很大。使用交流电时，钨极端部应呈半球形；使用直流电时，钨极端部呈锥形或截头锥形，易于高频引燃电弧，并且电弧比较稳定。钨极端部的锥度也影响焊缝的熔深，减小锥角可减小焊道的宽度，增加焊缝的熔深。常用的钨极端部几何形状如图 8-3 所示。

磨削钨极应采用专用的密封式或抽风式砂轮机，选用硬磨料精磨砂轮，保持钨极磨削后几何形状的均一性；磨削时焊工应戴口罩，磨削完毕，应用肥皂和流动的水洗净手脸。

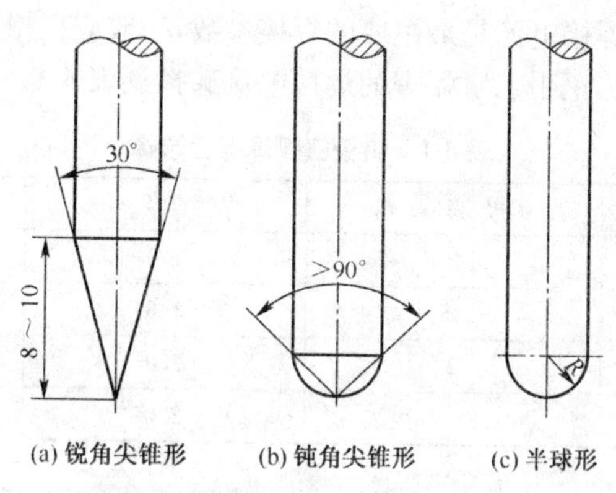

图 8-3 常用的钨极端部几何形状

3. 氩气

氩气(Ar)是一种无色、无味的单原子气体，密度是空气的 1.4 倍。因为氩气比空气重，因此氩气能在熔池上方形成一层较好的覆盖层。另外在焊接过程中用氩气保护产生的烟雾较少，便于控制熔池和焊接电弧。

(1)氩气纯度要求　氩气是制氧的副产品，因为氩气的沸点介于氧、氮之间，差值很小，所以在氩气中常残留一定数量的其他杂质。按我国现行规定，其纯度应达到 99.99%，如果氩气的纯度低，在焊接过程中不但影响熔化金属的保护效果，而且极易使焊缝产生气孔、夹渣等缺陷，使焊接接头质量变坏，并使钨极的烧损量增加。

(2)氩气瓶　焊接用工业氩气以瓶装供应，瓶体外表面涂成灰色并注有绿色“氩”字标志字样。目前我国常用氩气瓶的容积为 33L、40L、44L，最高工作压力为 15MPa。

氩气瓶一般应直立放置，在使用过程中严禁敲击、碰撞；不得用电磁起重机搬运；夏季要防止日光曝晒，冬季瓶阀冻结时，不得用火烘烤；同时注意瓶内气体不能用尽。

8.1.3 焊接参数及其对焊接质量的影响

手工钨极氩弧焊的主要焊接参数有坡口形式、钨极直径、焊接电流、电弧电压、焊接速度、电源种类和极性等。

1. 氩弧焊焊缝的坡口形式

当焊件厚度为不大于 3mm 的碳钢、低合金钢、不锈钢、铜及铜合金的对接接头以及厚度不大于 2.5mm 的高镍合金时，一般开 I 形坡口；当焊件厚度为 3～12mm 的上述材料时，可开 V 形和 Y 形坡口。

Y 形坡口的角度要求如下：碳钢、低合金钢与不锈钢的坡口角度为 60°，高镍合金为 80°，交流电焊接铝及铝合金时通常为 90°。

2. 焊接电流与钨极直径

钨极氩弧焊的焊接电流是最主要的焊接参数，一般应根据工件厚度选择焊接电流。不锈钢和耐热钢手工氩弧焊的焊接电流选择见表 8-1。

表 8-1 钨极氩弧焊电流选择

材料厚度/mm	钨极直径/mm	焊丝直径/mm	焊接电流/A
1.0	2	1.6	40～70
1.5	2	1.6	50～80
2.0	2	2.0	80～130
3.0	2～3	2.0	120～160

手工钨极氩弧焊使用的钨极直径也是一个重要参数，因其直径大小决定了焊枪的结构尺寸、重量和冷却形式，直接影响焊工的劳动条件和焊接质量，因此必须根据焊接电流选择合适的钨极直径。如果钨极较粗，焊接电流很小，由于电流密度低，钨极端部温度不够，电弧会在钨极端部不规则地飘移，破坏保护区，熔池将被氧化。表 8-2 给出了不同钨极直径允许使用的焊接电流值。

表 8-2 不同钨极直径许用的电流值

钨极直径/mm	焊接电流/A					
	交流		直流正接		直流反接	
	纯钨	加入氧化物的钨	纯钨	加入氧化物的钨	纯钨	加入氧化物的钨
0.5	5～15	5～20	5～20	5～20		
1.0	15～55	15～70	10～75	15～80		
1.6	50～100	60～125	40～130	60～150	10～20	10～20
2.0	65～125	85～160	75～180	100～200	15～25	15～25
2.5	80～140	120～210	130～230	170～250	15～30	15～30
3.2	150～190	180～270	160～310	230～330	20～35	20～35
4.0	180～260	240～350	280～450	350～480	35～50	35～50
5.0	250～350	330～460	400～620	500～680	50～70	50～70

焊接电流和钨极直径确定后，还应根据电弧情况来判断其数值是否合适。电流合适时，电弧稳定，焊缝成形良好；电流过小，电弧飘动；电流过大，钨极端部易发热，甚至可看到钨极端部出现熔化迹象，熔化了的钨极易脱落到熔池形成夹钨，

并且电弧很不稳定，焊接质量差。

3. 电弧电压

电弧电压主要由弧长决定，弧长增加，焊缝宽度增加，熔深稍减小，但电弧太长时，容易引起未焊透及咬边缺陷，而且保护效果也不好；电弧也不能太短，电弧太短时很难看清熔池，且送丝时容易碰到钨极引起短路，使钨极受污染，加大其烧损，并容易产生夹钨缺陷，故通常使弧长近似等于钨极直径。

4. 焊接速度

焊接速度增加时，熔深和熔宽减小，焊接速度太快，容易产生未焊透，且焊缝高而窄，两侧熔合不好；焊接速度太慢时，焊缝很宽，还可能产生烧穿缺陷。手工钨极氩弧焊时，通常都是焊工根据熔池的大小、熔池形状和两侧熔合情况随时调整焊接速度。调整时应考虑以下因素：

①在焊接铜、铝合金以及高导热性金属时，为减少变形，应采用较快的焊接速度。

②焊接有裂纹倾向的合金时，不能采用高速度焊接。

③除平焊位置焊接，为保证较小的熔池，避免熔化金属下流，尽量选择较快的焊接速度。

5. 焊接电源种类和极性的选择

氩弧焊采用的电源种类和极性与所焊金属及其合金种类有关，有些金属只能使用直流正极性施焊，有些金属交、直流都可使用。不同材料的焊接电源种类和极性的选择见表 8-3。

表 8-3 电源种类与极性的选择

电源种类与极性	被焊金属材料
直流正极性	低合金高强度钢，不锈钢，铜，钛及钛合金，耐热钢
直流反极性	适用于各种金属的熔化极氩弧焊
交流电源	铝、镁及其合金

直流正极性时，工件接正极，温度较高，适用于焊接厚工件及散热快的金属。采用交流电源焊接时，具有阴极破碎作用，即工件为负极时，因受到正离子的轰击，使工件表面的氧化膜破裂，液态金属容易熔合在一起，故通常用交流钨极氩弧焊来焊接氧化性强的铝、镁及其合金。

8.1.4 钨极氩弧焊的危害与防护

1. 有害因素

①放射性。钍钨极中的钍是放射性元素，但钨极氩弧焊时，钍钨极的放射剂量很小，在允许范围之内，危害不大。如果放射性气体或微粒进入人体作为内放射源，则会严重影响身体健康。

②高频电磁场。采用高频引弧时，产生的高频电磁场强度为60～110V/m，超过参考卫生标准(20V/m)数倍，但由于时间很短，对人体影响不大。如果频繁起弧，或者把高频振荡器作为稳弧装置在焊接过程中持续使用，则高频电磁场可成为有害因素之一。

③有害气体。氩弧焊时，弧柱温度高，紫外线辐射强度远大于一般电弧焊，因此在焊接过程中会产生大量的臭氧和氧氮化物，尤其是臭氧其浓度远远超出参考卫生标准，如不采取有效通风措施，这些气体对人体健康影响很大，是氩弧焊最主要的有害因素。

2. 安全防护

①通风措施。氩弧焊工作现场要有良好的通风装置，排出有害气体及焊接烟尘，除厂房通风外，可在焊接工作量大、焊机集中的地方，安装几台轴流风机向外排风。此外，还可采用局部通风的措施将电弧周围的有害气体抽走，例如，采用明弧排烟罩、排烟焊枪、轻便小风机等。

②防护射线措施。尽可能采用放射剂量极低的铈钨极。钍钨极和铈钨极加工时，应采用密封式或抽风式砂轮磨削，操作者应佩戴口罩、手套等个人防护用品，加工后要洗净手、脸，同时钍钨极和铈钨极应放在铅盒内保存。

③防护高频的措施。为了防备和削弱高频电磁场的影响，应采取有效的防护措施，如工件良好接地，焊枪、电缆及地线要用金属编织线屏蔽，适当降低频率，尽量不要使用高频振荡器作为稳弧装置，减小高频电磁场作用时间。

④其他个人防护措施。氩弧焊时，由于臭氧和紫外线作用强烈，宜穿戴非棉布工作服(如耐酸呢、柞丝绸等)；在容器内焊接又不能采用局部通风的情况下，可以采用送风式头盔、送风口罩或防毒口罩等个人防护措施。

8.2 钨极氩弧焊设备的使用与维护

8.2.1 设备的组成

氩弧焊设备由焊接电源、控制装置、焊枪、供气和冷却系统以及指示仪表等组成，如图8-4所示。自动钨极氩弧焊机还包括行走机构和送丝机构，手工熔化极氩弧焊机除没有行走机构外，其余与自动钨极氩弧焊机相同。

1. 电源与控制设备

(1)氩弧焊电源　因手工钨极氩弧焊电弧的静特性与焊条电弧焊相似，故任何具有陡降外特性曲线的弧焊电源都可以作氩弧焊电源。

(2)引弧装置　氩弧焊通常在交流电源中接入高频振荡器，在直流电源中接入脉冲引弧器，以便引燃电弧。

①高频振荡器。高频振荡器可输出2000～3000V、150～260kHz的高频高压

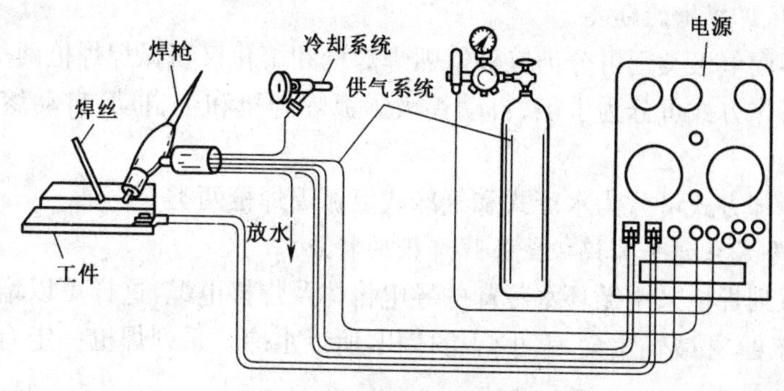

图 8-4 氩弧焊设备组成

电，但其功率很小（100～200W），钨极与焊件距离 2mm 左右就能使电弧引燃。高频振荡器和焊接变压器可以并联使用，也可以串联使用。高频磁场长期通过人体将对健康不利，另外，振荡器发出的电磁波对无线电台有干扰，所以引弧后应立即切断振荡器电源。

②高压脉冲引弧器。高压脉冲引弧器大多是由高压脉冲发生器和脉冲触发器两部分组成，常在直流电源中接入脉冲引弧装置。

(3)稳弧装置　交流电源焊接时，交流电弧燃烧的稳定性不如直流电弧。其主要原因是交流电源以 50Hz 的交流电供给电弧电压和焊接电流，每秒有 100 次经过零点，致使电极的电子发射能力和气体的电离程度减弱，甚至熄弧。只有在交流电源上加装稳弧装置，方可保证电弧稳定燃烧，通常采用脉冲稳弧器。

(4)控制系统　氩弧焊的控制系统主要用来控制和调节气、水、电的各个参数以及起动和停止焊接之用，不同的操作方式有不同的控制程序，基本上是按照下列程序进行。

当按动起动开关时，接通电磁气阀使氩气通路，经短暂延时后，同时接通主电路和高频引弧器，给电极和工件输送空载电压，并使电极和工件之间产生高频火花，同时引燃电弧。若为直流焊接，则高频引弧器立即停止工作；若为交流焊接，则高频引弧器仍然继续工作。电弧建立之后，即进入正常的焊接过程。当起动开关断开时，焊接电流衰减，经过一段延时后，主电路电源切断，同时焊接电流消失，引弧器停止工作；再经过一段延时，电磁气阀断开，氩气断路，此时焊接过程结束。

手工钨极氩弧焊的控制系统必须保证上述动作顺序，并做到各段延时均匀可调。

2. 氩弧焊焊枪

氩弧焊焊枪主要用来传导焊接电流、装夹钨极、输出保护气体、起动或停止整机的工作系统。手工钨极氩弧焊焊枪由枪体、钨极夹头、夹头套筒、绝缘帽和喷嘴等几部分组成。

(1)氩弧焊焊枪的分类

①按不同电极类别可分为钨极氩弧焊焊枪和熔化极氩弧焊焊枪两类。

②按操作方式可分为手工、自动钨极氩弧焊焊枪和半自动、自动熔化极氩弧焊焊枪四类。

③按冷却方式可分为水冷式和气冷式氩弧焊焊枪两类。

(2)水冷式系列手工钨极氩弧焊焊枪的特点

①该系列焊枪采用循环水冷却的导电枪体及焊接电缆，这样可以增大导电部件的电流密度，并减轻重量，缩小焊枪体积，所以水冷式系列焊枪一定有冷却水的进、出水管。

②钨极是借轴向压力来紧固，通过旋转电极帽盖，可使电极夹头紧固或放松，因此装卸钨极很容易。

③每把焊枪带有2～3个不同孔径的钨极夹头，可配用不同直径的钨极，以适应不同焊接电流的需要。

④每把焊枪各带高、矮不同的两个帽盖，可适用于不同长度的钨极(最长160mm)和不同场合的焊接。

⑤出气孔是一圈均布的径向或轴向小孔，使保护气体喷出时形成层流，有效保护金属熔池不被氧化。

⑥焊枪手柄上装有微动开关、按钮开关或船形开关，可避免操作者手指过度疲劳和因失误而影响焊接质量。

⑦为保证使用时安全可靠，必须使冷却水顺利流通，并接好电缆线和水管。

3. 氩气流量调节器

瓶装氩气充气压力一般达到15MPa，由于瓶装氩气的压力很高，而工作时所需压力较低，因而需用一个减压阀将高压氩气降至工作压力，且使整个焊接过程中氩气工作压力稳定，不会因瓶内压力的降低或氩气流量的增减而影响工作压力。氩气流量调节器不仅能起到降压和稳压的作用，而且可以方便地调节氩气流量。

8.2.2 钨极氩弧焊设备的维护和故障排除

氩弧焊设备的正确使用和维护保养是保证焊接设备具有良好的工作性能与延长使用寿命的重要因素之一，因此，必须加强对氩弧焊设备的保养工作。

1. 氩弧焊设备的保养

①焊机应按外部接线图正确安装，并应检查铭牌电压值与网路电压值是否相符，不相符时严禁使用。

②焊接设备在使用前，必须检查水、气管的连接是否良好，以保证焊接时正常供水、供气。

③焊机外壳必须接地，未接地或地线不合格时不准使用。

④应定期检查焊枪的钨极夹头是否夹紧和喷嘴的绝缘性能是否良好。

⑤氩气瓶不能与焊接场地靠近,同时必须固定,防止倾倒。

⑥工作完毕或临时离开工作场地,必须切断焊机电源,关闭水源及气瓶阀门。

⑦必须建立健全焊机一、二级设备保养制度,并定期进行保养。

⑧焊工工作前,应先看懂焊接设备的使用说明书,掌握焊接设备的一般构造和正确的使用方法。

2. 钨极氩弧焊设备的常见故障和消除方法

钨极氩弧焊设备常见故障有水、气路堵塞或泄漏;钨极不洁引不起电弧;焊枪钨极夹头未旋紧,引起电流不稳;焊枪开关接触不良使焊接设备不能起动等,这些应由焊工排除。另一部分故障如焊接设备内部电子元件损坏或其他机械故障,焊工不能随便自行拆修,应由电工、钳工进行检修。钨极氩弧焊机常见故障和消除方法见表 8-4。

表 8-4 钨极氩弧焊机常见故障和消除方法

故障特征	可能产生原因	消除方法
电源开关接通,指示灯不亮	①开关损坏。 ②熔断器烧断。 ③控制器损坏。 ④指示灯损坏	①更换开关。 ②更换熔断器。 ③修复。 ④更换指示灯
控制线路有电,焊机不能起动	①焊枪开关接触不良。 ②继电器出现故障。 ③控制变压器损坏	检修
焊接起动后,振荡器放电但引不起电弧	①网路电压太低。 ②接地线太长。 ③焊件接触不良。 ④无气、钨极及工件表面不洁、间距不合适。 ⑤火花塞间隙不合适	①提高网路电压。 ②缩短接地线。 ③清理焊件。 ④检查气、钨极等是否符合要求。 ⑤调整火花塞间隙
焊机起动后无氩气送出	①按钮开关接触不良。 ②电磁气阀出现故障。 ③气路不通。 ④气体延时线路故障。 ⑤控制线路故障	①清理触头。 ②检修。 ③检修。 ④检修。 ⑤检修
焊接过程中电弧不稳	①脉冲引弧器不工作。 ②消除直流分量的原件故障。 ③焊接电源故障	①检修。 ②检修或更换。 ③检修

注:若冷却方式选择开关置于空冷位置时,焊机能正常工作,而置于水冷(且水流量又大于 1L/min)时,则不能正常工作。处理的方法是打开控制箱底板,检查水流开关的微动是否正常,必要时可进行位置调整。

8.3 手工钨极氩弧焊操作技能

8.3.1 手工钨极氩弧焊基本操作

1. 焊枪的运行形式

手工钨极氩弧焊的焊枪一般只做直线移动，同时焊枪移动速度不能太快，否则影响氩气的保护效果。

(1)直线移动　直线移动有三种方式：直线匀速移动、直线断续移动和直线往复移动。

①直线匀速移动是指焊枪沿焊缝平稳地做直线、匀速移动，此操作方式适合不锈钢、耐热钢等薄板的焊接，其特点是焊接过程稳定，保护效果好，从而保证焊接质量的稳定。

②直线断续移动。直线断续移动是指焊枪在焊接过程中需停留一定的时间，以保证焊透，即沿焊缝做直线移动过程是一个断续的前进过程，此操作方式主要适用于中厚板的焊接。

③直线往复移动。直线往复移动是指焊枪沿焊缝做往复直线移动，其特点是控制热量，防止烧穿，焊缝成形良好，此操作方式主要用于焊接铝及铝合金的薄板。

(2)横向摆动　横向摆动是为满足焊缝的特殊要求和不同的接头形式而采取的小幅摆动，常用的操作方式有三种：圆弧之字形摆动、圆弧之字形侧移摆动和 r 形摆动，如图 8-5 所示。

①圆弧之字形摆动。如图 8-5a 所示，圆弧之字形摆动时焊枪横向画半圆，呈类似圆弧之字形往前移动。这种方法适用于大的 T 形接头、厚板的搭接接头以及中厚板开坡口的对接接头。操作时焊枪在焊缝两侧停留时间稍长些，在通过焊缝中心时运动速度可适当加快，从而获得优质焊缝。

②圆弧之字形侧移摆动。如图 8-5b 所示，圆弧之字形侧移摆动是焊枪在焊接过程中不仅画圆弧，而且呈斜的之字形往前移动。这种方法适用于不平齐的角接焊和端接焊，如图 8-6 所示，操作时使焊枪偏向突出的部分，焊枪做圆弧之字形侧移运动，使电弧在突出部分停留时间要长些，熔化突出部分，然后，根据突出部分熔化情况，决定是否添加焊丝。

③r 形摆动。如图 8-5c 所示，r 形摆动是焊枪的横向摆动呈类似 r 形的运动。这种方法适用于不等厚板的对接接头，操作时焊枪不仅做 r 形运动，而且焊接时电弧稍偏向厚板，使电弧在厚板一边停留时间稍长，以控制两边的熔化速度，防止薄板烧穿而厚板未焊透。

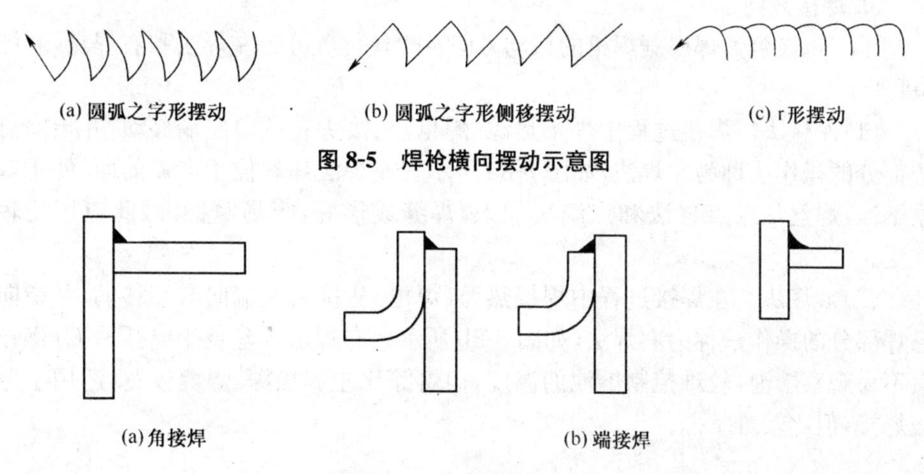

(a) 圆弧之字形摆动　(b) 圆弧之字形侧移摆动　(c) r形摆动

图 8-5　焊枪横向摆动示意图

(a) 角接焊　(b) 端接焊

图 8-6　不平齐的接头形式

2. 焊丝送丝方法

填充焊丝的加入对焊缝质量的影响很大，若送丝过快，焊缝易堆高，氧化膜难以排除；若送丝过慢，焊缝易出现咬边或下凹。所以送丝动作要熟练、均匀，并且使焊丝端头始终处于氩气保护范围内，防止焊丝端头氧化。常用的送丝方法有两种，即指续法和手动法。

(1) 指续法　指续法将焊丝夹在大拇指与食指、中指中间，中指和无名指起撑托作用。当大拇指将焊丝向前移动时，食指往后移动，然后大拇指迅速擦过焊丝的表面往后移动到食指的位置，大拇指再将焊丝向前移动，如此反复将焊丝不断地送入熔池中，如图 8-7 所示。这种方法适用于较长的焊接接头。

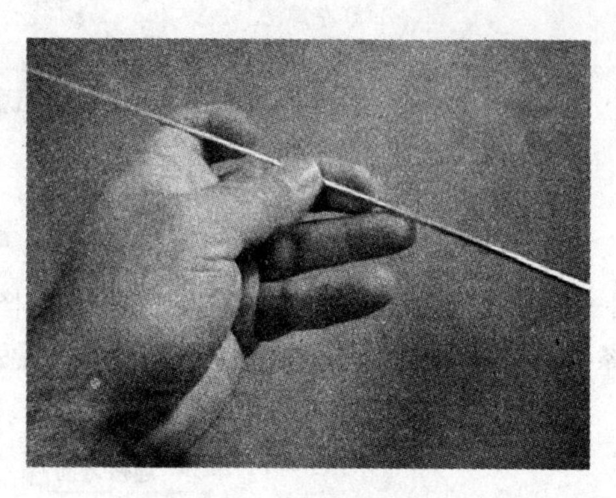

图 8-7　指续法送丝

(2) 手动法　手动法将焊丝夹在大拇指与食指、中指之间，手指不动，而是靠手或手臂沿焊缝前后移动和手腕的上下反复运动将焊丝送入熔池中。该方法应用比较广泛，按焊丝送入熔池的方式可分为四种：压入法、续入法、点移法和点滴法。

①压入法。用手柄微压焊丝，使其末端压入熔池边缘。

②续入法。将焊丝末端伸入熔池内，手往前移，使焊丝连续送入熔池中。

③点移法。以手腕反复动作，将焊丝一点一点移动，熔入熔池中。

④点滴法。将母材和焊丝一块熔化，将焊丝一滴一滴滴入焊缝中。

3. 焊接方向

手工钨极氩弧焊根据焊枪的移动方向及送丝位置分为左焊法和右焊法，如图8-8所示。

(1)*左焊法* 焊接过程中焊接热源(焊枪)从接头右端向左端移动，并指向待焊部分的操作法称为左焊法，如图8-8a所示。左焊法焊丝位于电弧前面，便于观察熔池，焊丝常以点移法和点滴法加入，焊缝成形好，容易掌握，因此应用比较广泛。

(2)*右焊法* 在焊接过程中焊接热源(焊枪)从接头左端向右端移动，并指向已焊部分的操作法称为右焊法，如图8-8b所示。右焊法焊丝位于电弧后面，操作时不易观察熔池，较难控制熔池的温度，但熔深比左焊法深，焊缝较宽，适用于厚板焊接，但比较难掌握。

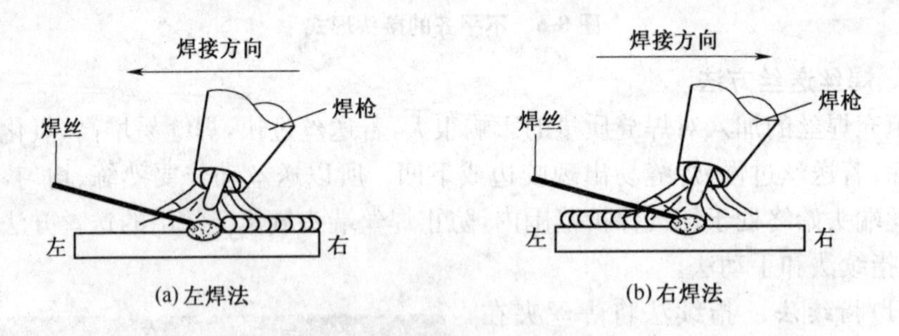

(a)左焊法 (b)右焊法

图8-8 手工氩弧焊焊接方法

4. 焊丝、焊枪与焊件之间的角度

手工钨极氩弧焊焊接时，焊枪、焊丝与焊件之间必须保持正确的相对位置。平焊位置时，焊枪、焊丝与焊件的角度如图8-9所示，焊枪与焊件的夹角过小，会降低氩气的保护效果；夹角过大，操作及添加焊丝比较困难。

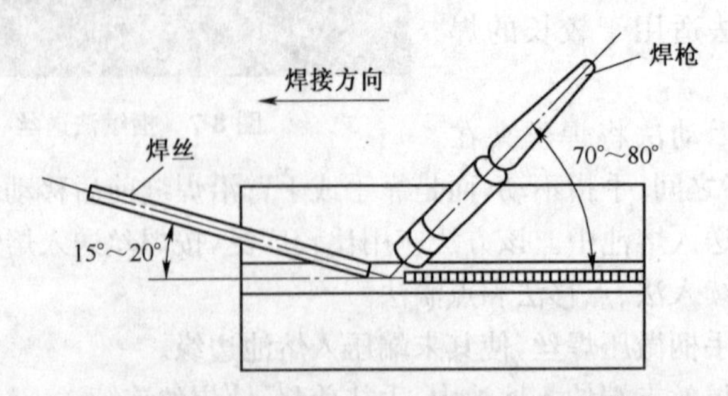

图8-9 平焊时焊丝、焊枪与焊件之间的角度

5. 引弧

手工钨极氩弧焊的引弧方法有接触短路引弧、高频高压引弧和高压脉冲引弧

三种。

①接触短路引弧是采用钨极末端与焊件表面近似垂直(70°～85°)接触后,立即提起引弧。这种方法在短路时会产生较大的短路电流,从而使钨极端头烧损,破坏钨极端头的几何形状,在焊接过程中使电弧分散,甚至飘移,影响焊接过程的稳定,引起夹钨。

②高频高压引弧和高压脉冲引弧是焊接设备中装有高频或高压脉冲装置,引弧后高频或高压脉冲自动切断,这种方法操作简单,并能保证钨极末端的几何形状,容易保证焊接质量。

6. 熄弧

熄弧时如操作不当,会产生弧坑,从而造成裂纹、烧穿、气孔等缺陷,操作时可采用如下方法熄弧。

①调节好焊机上的衰减电流值,在熄弧时松开焊枪上的开关,使焊接电流衰减,逐步加快焊接速度和填丝速度,然后熄弧。

②减小焊枪与焊件的夹角,拉长电弧使电弧热量主要集中在焊丝上,加快焊接速度并加大填丝量,弧坑填满后熄弧。

③环形焊缝熄弧时,先稍拉长电弧,待重叠焊接20～30mm时,不加或加少量的焊丝,然后熄弧。

④停弧后,氩气开关应延时3～5s再关闭(一般设备上都有提前送气、滞后关气的装置),防止金属在高温下继续氧化。

8.3.2 厚度$\delta \leqslant 6$mm的低碳钢或不锈钢板V形坡口平位对接手工钨极氩弧焊

1. 焊前准备

(1)试件材料及坡口尺寸　Q235钢,坡口尺寸如图8-10所示。

(2)焊接位置及要求　平位焊单面焊双面成形。

(3)焊接材料　焊丝为H08 Mn2SiA,直径为2.5mm;电极为铈钨极,为使电弧稳定,将其尖角磨成如图8-11所示的形状;氩气纯度99.99%。

(4)焊接设备　选用钨极氩弧焊机,采用直流正接。使用前应检查焊机各处

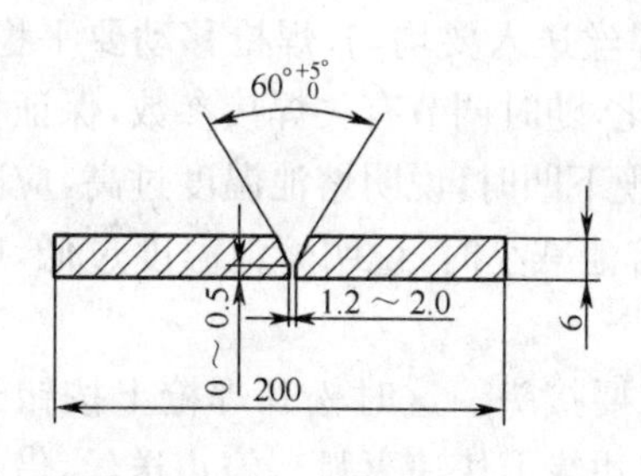

图8-10　试件及坡口尺寸

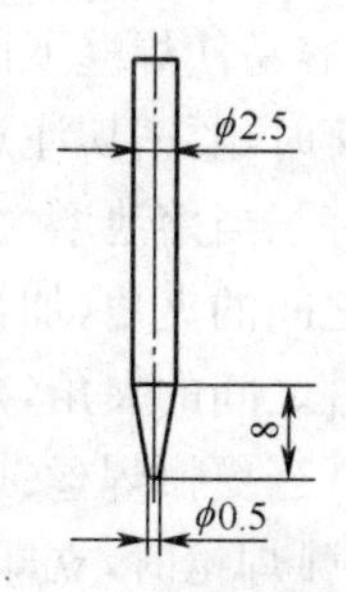

图8-11　钨极尺寸

的接线是否正确、牢固、可靠，按要求调试好焊接参数。同时应检查氩弧焊系统水冷却和气冷却有无堵塞、泄漏，如发现故障应及时解决。并准备好工作服、焊工手套、护脚、面罩、钢丝刷、锉刀、角向磨光机、焊缝量尺。

(5)试件清理 清理坡口及其正、反两面两侧 20mm 范围内和焊丝表面的油污、锈蚀，直至露出金属光泽。

(6)试件装配

①装配间隙为 1.2～2.0mm。

②定位焊采用手工钨极氩弧焊，按表 8-5 中打底焊接参数在试件正面坡口内两端进行定位焊，焊点长度为 10～15mm，并将焊点接头端预先打磨成斜坡。

③错边量不大于 0.6mm。

2. 焊接参数(表 8-5)

表 8-5 薄板 V 形坡口平焊位置钨极氩弧焊参数

焊道分布	焊接层次	焊接电流/A	电弧电压/V	氩气流量/(L/min)	钨极直径/mm	钨极伸出长度/mm	喷嘴直径/mm	喷嘴至工件距离/mm
3 2 1	打底焊	80～100	10～14	8～10	2.5	4～6	8～10	≤12
	填充焊	90～100						
	盖面焊	100～110						

3. 操作要点及注意事项

由于钨极氩弧焊对熔池的保护及可见性好，熔池温度又容易控制，所以不易产生焊接缺陷，适合于各种位置的焊接。本实例的焊接操作要点如下。

(1)打底焊 手工钨极氩弧焊通常采用左向焊法，故将试件装配间隙大端放在左侧。

①引弧。在试件右端定位焊缝上引弧。引弧时采用较长的电弧(弧长为4～7mm)，使坡口外预热 4～5s。

②焊接。引弧后预热引弧处，当定位焊缝左端形成熔池并出现熔孔后开始送丝。焊接打底层时，采用较小的焊枪倾角和较小的焊接电流。由于焊接速度和送丝速度过快，容易使焊缝下凹或烧穿，因此焊丝送入要均匀，焊枪移动要平稳、速度一致。焊接时，要密切注意焊接熔池的变化，随时调节有关焊接参数，保证背面焊缝成形良好。当熔池增大、焊缝变宽并出现下凹时，说明熔池温度过高，应减小焊枪与焊件之间的夹角，加快焊接速度；当熔池减小时，说明熔池温度过低，应增加焊枪与焊件之间的夹角，减慢焊接速度。

③接头。当更换焊丝或暂停焊接时，需要接头。这时松开焊枪上按钮开关(使用接触引弧焊枪时，立即将电弧移至坡口边缘上快速灭弧)，停止送丝，借焊机电流衰减熄弧，但焊枪仍需对准熔池进行保护，待其完全冷却后方能移开焊枪。

若焊机无电流衰减功能，应在松开按钮开关后稍抬高焊枪，待电弧熄灭、熔池完全冷却后移开焊枪。进行接头前，应先检查接头熄弧处弧坑质量，如果无氧化物等缺陷，则可直接进行接头焊接；如果有缺陷，则必须将缺陷修磨掉，并将其前端打磨成斜面，然后在弧坑右侧 15～20mm 处引弧，缓慢向左移动，待弧坑处开始熔化形成熔池和熔孔后，继续填丝焊接。

④收弧。当焊至试件末端时，应减小焊枪与试件夹角，使热量集中在焊丝上，加大焊丝熔化量以填满弧坑。切断控制开关，焊接电流将逐渐减小，熔池也随着减小，将焊丝抽离电弧（但不离开氩气保护区）。停弧后，氩气延时约 10s 关闭，从而防止熔池金属在高温下氧化。

（2）填充焊　按表 8-5 中填充层焊接参数调节好设备，进行填充层焊接，其操作与打底层相同。焊接时焊枪可做圆弧"之"字形横向摆动，其幅度应稍大，并在坡口两侧停留，保证坡口两侧熔合好，焊道均匀。从试件右端开始焊接，注意熔池两侧熔合情况，保证焊缝表面平整且稍下凹。填充层的焊道焊完后应比焊件表面低 1.0～1.5mm，以免坡口边缘熔化导致盖面层产生咬边或焊偏现象，焊完后将焊道表面清理干净。

（3）盖面焊　按表 8-5 中盖面层焊接参数调节好设备进行盖面层焊接，其操作与填充层基本相同，但要加大焊枪的摆动幅度，保证熔池两侧超过坡口边缘 0.5～1mm，并按焊缝余高决定填丝速度与焊接速度，尽可能保持焊缝速度均匀，熄弧时必须填满弧坑。

4. 焊后清理检查

焊接结束后，关闭焊机，用钢丝刷清理焊缝表面；用肉眼或低倍放大镜检查焊缝表面是否有气孔、裂纹、咬边等缺陷；用焊缝量尺测量焊缝外观成形尺寸。

8.3.3 厚度 $\delta<6$mm 的低碳钢或不锈钢板 T 形接头手工钨极氩弧焊

T 形接头手工钨极氩弧焊应注意防止焊偏，焊枪和焊丝的角度要正确。现以厚度为 4mm 的 1Gr18Ni9Ti 不锈钢板为例进行介绍。

1. 焊前准备

（1）试件规格　4mm×100mm×200mm，如图 8-12 所示。

（2）焊接电源　ZX7—400S/ST 逆变式焊条电弧焊/TIG 焊两用弧焊电源。

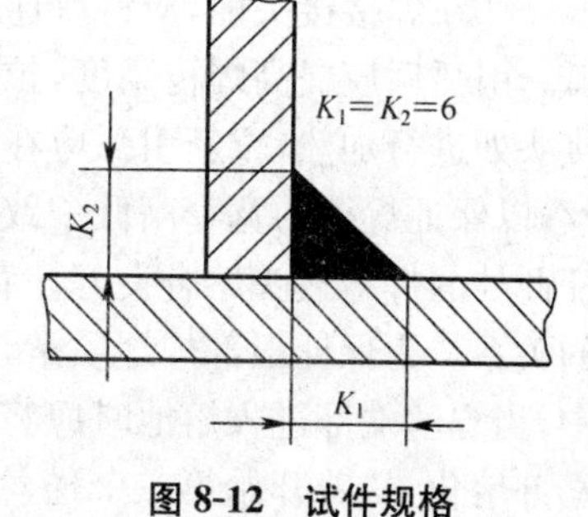

图 8-12　试件规格

（3）焊枪　气冷式焊枪。

（4）焊丝　H1Cr18Ni9Ti，直径 2.5mm。

（5）钨极　铈钨极，直径 2.5mm。

（6）保护气体　氩气，其纯度大于 99.99%。

（7）试件清理　用砂轮或砂布将待焊处 20～30mm 处的氧化皮清除干净。

(8)试件定位焊　两端定位焊。

2. 主要焊接参数

板试件T形接头横角焊主要焊接参数见表8-6。

表8-6　T形接头横角焊焊接参数

焊道分布	焊道层次	焊丝规格/mm	焊接电流/A	电弧电压/V	气体流量/(L/min)
1 2	根部焊	2.5	160～180	12～16	7～15
	盖面焊				

3. 操作要点

(1)根部焊

①试件T形接头棱角焊时,采用左焊法,持枪方法、焊枪角度以及焊枪与焊丝的相对位置如图8-13所示,焊接层次为二层二道焊。

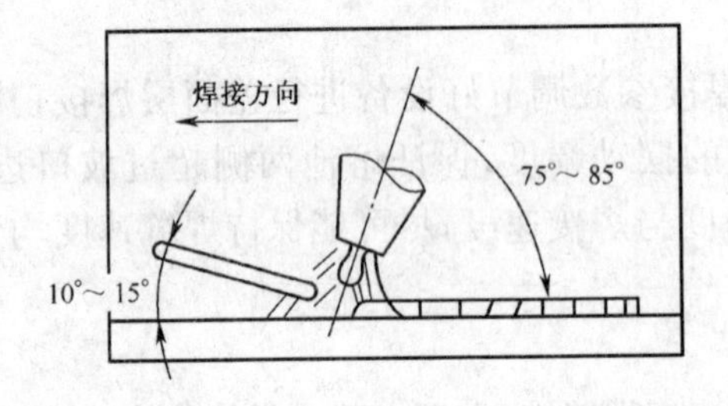

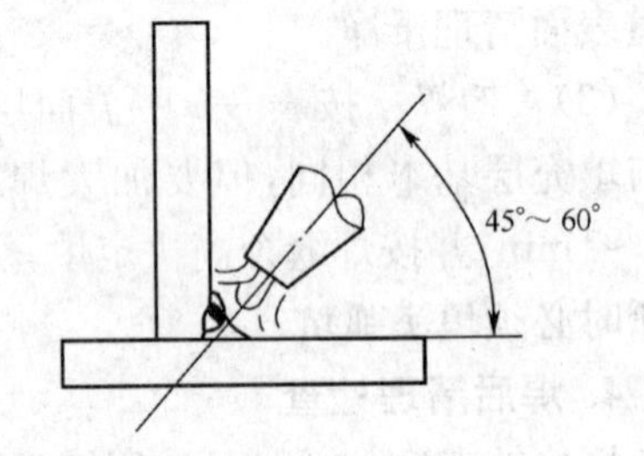

图8-13　根部焊持枪方法及焊枪角度

②焊接方向由左向右,下端的定位焊缝处要用锉刀或角向砂轮打磨成斜坡状,焊枪在该处引燃电弧,等熔池基本形成后再向后压1～2个波纹。接头起点不加或稍加焊丝,焊接时要压低电弧,等熔池建立后开始焊接,焊枪在焊接过程中做匀速直线运动。

③在焊接接头前,应将待连接处用锉刀或角向砂轮打磨成斜坡状后再重新引弧。引弧后应提高焊枪高度,拉长电弧,加快焊接速度并使钨极垂直焊件对焊缝接头处进行加热,重新引弧应在斜坡后重叠焊缝5～15mm,重叠处少加或不加焊丝,以保证焊缝的宽窄高低一致,焊至打磨过的弧坑处再填充焊丝(断续送丝),保证此处的焊道接头熔合良好。背面焊缝的质量与送入焊丝量的准确程度有很大的关系。为保证根部焊缝质量,焊丝应贴着坡口均匀有节奏地送进。在送丝过程中,当焊丝端部进入熔池时应将焊丝端头轻轻挑向坡口根部,这时电弧已把焊丝端部熔化,接着开始第二个送丝的动作,直至焊完打底层焊缝。焊丝与焊枪的动作要配合协调且同步移动。

④操作时,应压低电弧,保证根部熔深在0.5mm以上,第一层焊道的厚度约

为 2mm。

⑤收弧时，应首先利用电流衰减功能，逐渐降低熔池温度，然后将熔池由慢到快引至前方一侧的坡口面上，以逐渐减小熔深，在最后熄弧时，要保持焊枪不动以延长氩气对弧坑的保护。

⑥焊完打底层焊缝后，需用角向砂轮清理焊趾处的氧化物，然后进行盖面层的焊接。

(2)盖面焊

①盖面层焊接如图 8-14 所示。

②焊接时，仍自左至右进行施焊，焊丝与试件的夹角与打底焊相同。

③焊接焊道 2 时，应保证 K_1 和 K_2 的焊脚约为 6mm。

④盖面层焊道接头应与第一层焊道接头错开，错开距离应不小于 50mm，接头方法与打底层焊道相同。

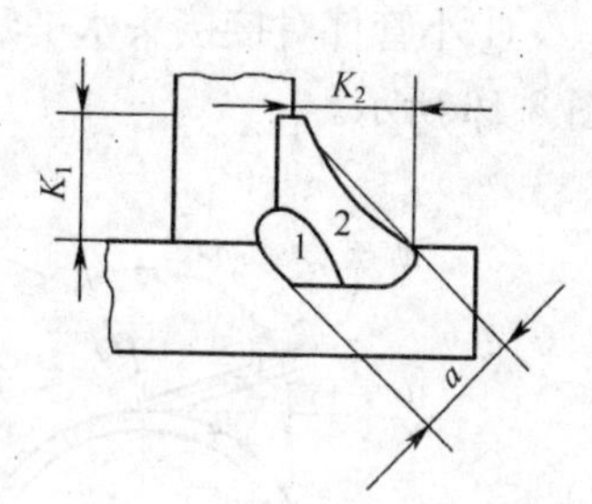

图 8-14 盖面层焊接示意图

⑤整条焊缝呈凹形圆滑过渡，焊缝厚度约为 4mm。

8.3.4 管径 $\phi\leqslant 60$mm 的低碳钢管对接水平转动手工钨极氩弧焊

现以厚度为 3.5mm 直径为 60 的低碳钢管水平固定对接焊为例，介绍其焊接方法。

1. 焊前准备

(1)试件规格 ϕ60mm×3.5mm，如图 8-15 所示。

(2)焊接电源 ZX7—400S/ST 逆变式焊条电弧焊/TIG 焊两用弧焊电源。

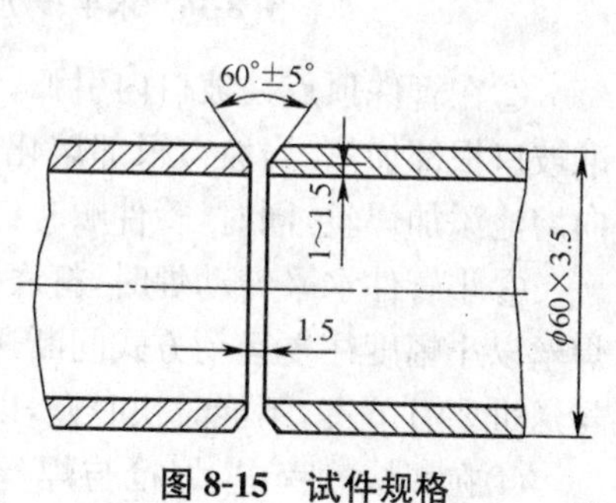

图 8-15 试件规格

(3)喷嘴直径 10～12mm。

(4)焊丝牌号 H08Mn2SiA。

(5)钨极型号及规格 WCe—20/ϕ2.5mm。

(6)喷嘴至试件距离 8～12mm。

(7)保护气体 氩气，其纯度大于 99.99%。

(8)定位焊与装配 定位焊缝始焊端 2.5mm，终焊端 3.0mm。

2. 主要焊接参数

小管件对接接头全位置焊主要焊接参数见表 8-7。

3. 操作要点

焊接层次为二层二道焊。

表 8-7 小管件(ϕ60mm×3.5mm 钢管)对接接头全位置焊焊接参数

焊道分布	焊道层次	焊丝规格/mm	焊接电流/A	电弧电压/V	气体流量/(L/min)
1 2	根部焊	2.5	170~180	12~16	7~15
	盖面焊				

(1)打底焊

①小管件对接接头水平转动焊时，焊枪、焊丝、管件的相对位置及焊枪角度如图 8-16 所示。

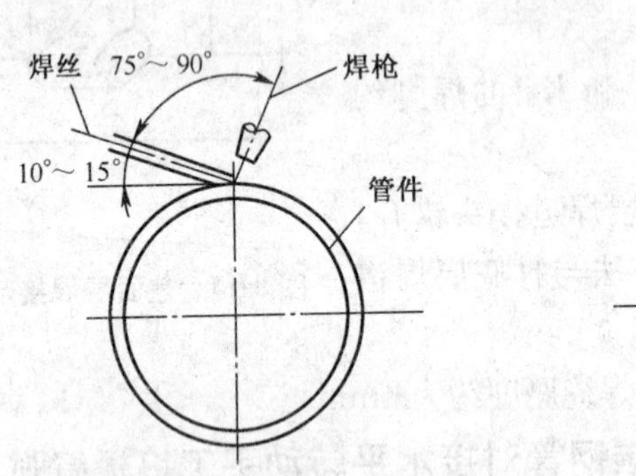

(a) 焊枪、焊丝、管件的相对位置

焊枪
90°

(b) 焊枪位置

图 8-16 水平转动焊时焊枪、焊丝、管件的相对位置

②在管件顶点处坡口内引弧。引燃电弧后管件不转动，也不填丝，让电弧对准坡口根部加热，当坡口根部熔化形成一定明亮清晰的熔池后，管件开始转动并向熔池添加焊丝，同时，管件顺时针方向匀速转动进行焊接。

③小管件水平转动焊时，打底层的钨极端头与管件之间的距离为 3~4mm，焊丝以小幅度往复运动方式间断送入电弧内熔池前方，在熔池前成滴状加入。焊丝送进要有节奏，不能时快时慢，以保证焊缝成形良好。

④在焊接过程中，焊枪与焊丝要协调配合，管件与焊丝、喷嘴要保持一定距离，避免焊丝端部扰乱气流及触到钨极，并且焊丝端部不能脱离氩气保护区，以免焊丝端部被氧化。

⑤当焊接到定位焊缝时，应停止或少送焊丝，电弧使定位焊缝端部(包括坡口根部)熔化，并与熔池连成一体后，再填丝转入正常焊接。

⑥停弧和接头。停弧时先停止管件转动，然后松开焊枪上的按钮开关，停止送丝，并利用焊机上的电流衰减控制功能，保持喷嘴高度不变，待电弧熄灭、熔池冷却后，再移开焊枪。

⑦接头。在弧坑右侧 10~15mm 处引弧，并慢慢向左移动焊枪，待弧坑处形

成熔池后，转动管件，同时填丝，转入正常焊接。

⑧当焊接到焊道起焊点时，停止焊接，并将起焊点打磨成缓坡形，引弧将弧坑预热、熔化并和熔池连成一体后，再填丝至弧坑填满。然后切断控制开关，焊接电流衰减，熔池逐渐缩小，将焊丝抽离熔池，但不脱离氩气保护区，待电弧熄灭，延时切断氩气后，再移开焊丝和焊枪。

(2)盖面焊

焊接盖面层时，焊枪、焊丝角度、基本操作方法及要点均与焊接打底层相同。但焊接盖面层时，焊接电流不宜太大，焊枪稍做横向摆动，使焊缝美观、无缺陷，并达到焊缝的尺寸要求。

9 炭弧气刨

9.1 炭弧气刨基础知识

炭弧气刨是利用炭棒与工件之间产生的电弧热将金属熔化，同时，用压缩空气将这些熔化金属吹掉，从而在金属上刨削出沟槽的一种热加工工艺，其工作原理如图9-1所示。

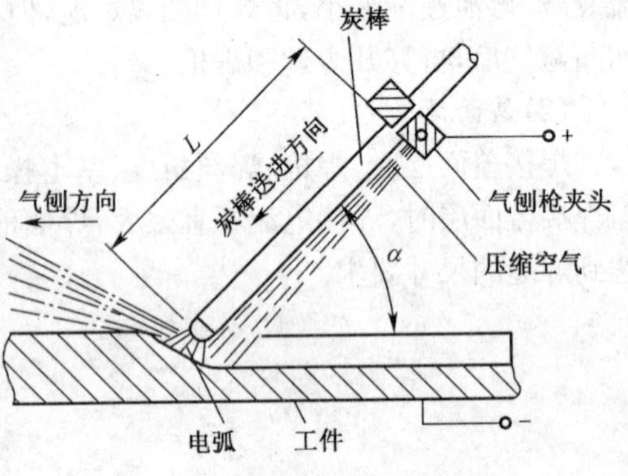

图 9-1 炭弧气刨工作原理图

在炭弧气刨中，压缩空气的主要作用是将炭极电弧高温加热而熔化的母材金属吹掉，同时还可以对炭棒起冷却作用，减少炭棒的损耗。但压缩空气的流量过大时，将会使被熔化的金属温度降低，而不利于刨削或影响电弧的稳定燃烧。

9.1.1 炭弧气刨的特点

1. 炭弧气刨的优点

①炭弧气刨与用风铲或砂轮相比，效率高，噪声小，并可减轻劳动强度。

②炭弧气刨与等离子弧气刨相比，设备简单，压缩空气容易获得且成本低。

③由于炭弧气刨是利用高温，而不是利用氧化作用刨削金属的，因此，不但适用于黑色金属，而且还适用于不锈钢，铝、铜等有色金属及其合金。

④在电弧的高温作用下，各种金属及其氧化物都能熔化。用炭弧气刨进行刨削时，各种金属材料的性能不同，只影响刨削的速度和表面的质量，而不会影响刨削过程的正常进行。

⑤由于炭弧气刨是利用压缩空气把熔化金属吹掉，因而可进行全位置操作。手工炭弧气刨的灵活性和可操作性较好，因而在狭窄工位或可达性差的部位仍可使用。

⑥当进行清除焊缝或铸件的缺陷操作时，在一层一层地刨除焊缝或铸件缺陷过程中，被刨削面光洁锃亮，操作者在电弧光下可清楚地观察到缺陷的形状和深度，因此有利于清除缺陷，提高焊工返修的合格率。这是炭弧气刨的独特之处，是使用风铲或角向磨光机时无法做到的。

2. 炭弧气刨的缺点

炭弧气刨也具有明显的缺点，如产生烟雾、噪声较大、粉尘污染、弧光辐射、对操作者的技术要求高等。

9.1.2 炭弧气刨的应用

由于炭弧气刨具有许多优点,因而在机械、化工、造船、金属结构和压力容器制造等行业得到广泛的应用。具体应用在以下几个方面。

①清焊根。主要用于低碳钢、低合金钢和不锈钢材料双面焊接时,清除焊根。

②清除焊缝中的缺陷。对于重要的金属结构件、常压容器和压力容器,存在不允许的超标准焊缝缺陷时,可用炭弧气刨工艺清除焊缝中的缺陷后,进行返修。

③开坡口。手工炭弧气刨常用来为小件、单件或不规则的焊缝加工坡口,特别是加工中、厚板的对接坡口,管对接U形坡口时,更加显示出该工艺的优点。

④清除铸件的飞刺、浇注系统、冒口和铸件的表面缺陷。

⑤切割高合金钢、铜、铝及其合金等。

炭弧气刨不适用于对冷裂纹敏感的低合金钢厚板。

9.2 炭弧气刨设备使用及维护

炭弧气刨系统由电源、气刨枪、炭棒、电缆气管和压缩空气源等组成,如图9-2所示。

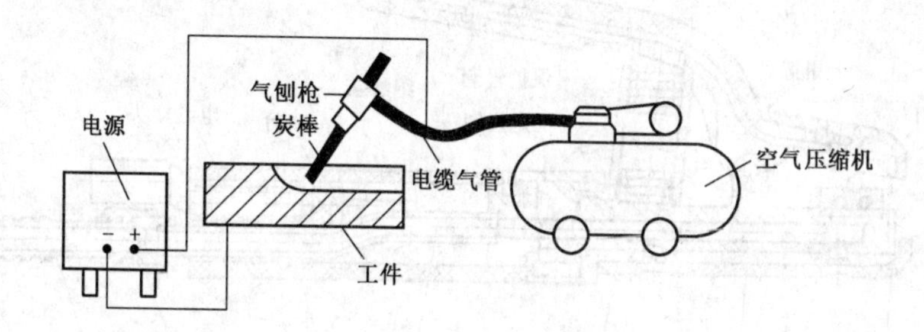

图9-2 炭弧气刨系统示意图

9.2.1 炭弧气刨电源

炭弧气刨一般采用具有陡降外特性且动特性较好的直流弧焊机作为电源。由于炭弧气刨使用的电流较大,且连续工作时间较长,因此,应选用功率较大的直流弧焊机。例如,当使用直径为7mm的炭棒时,炭弧气刨电流为350A,故宜选用额定电流为500A的直流电弧焊机作为电源。使用工频交流焊接电源进行炭弧气刨时,由于电流过零时间较长会引起电弧不稳定,故在实际生产中一般并不使用。近年来研制成功的交流方波焊接电源,尤其是逆变式交流方波焊接电源的过零时间极短,且动特性和控制性能优良,可应用于炭弧气刨。

9.2.2 炭弧气刨枪

炭弧气刨枪是炭弧气刨的主要工具。炭弧气刨枪应满足以下要求：能牢固地夹持炭棒，导电良好，压缩空气喷射集中稳定，更换炭棒方便，外壳绝缘良好，质量轻，使用灵活方便。

炭弧气刨枪按压缩空气喷射方式分为侧面送风式和圆周送风式两种，另外还有一种外加喷水的水雾式炭弧气刨枪。目前生产中经常使用的是侧面送风式及圆周送风式炭弧气刨枪。

1. 侧面送风式炭弧气刨枪

侧面送风式炭弧气刨枪是压缩空气沿炭棒下部喷出，并吹向电弧后部的一种炭弧气刨枪，主要有钳式侧面送风式炭弧气刨枪和旋转式侧面送风式气刨枪。

①钳式侧面送风式炭弧气刨枪。钳式侧面送风式炭弧气刨枪结构如图 9-3a 所示，与焊条电弧焊焊钳类似，用钳口夹持炭棒，在钳口的下部装有一个既能导电又送进压缩空气的铜杆钳头，钳头上钻有两个喷压缩空气的小孔，压缩空气从小孔喷出并集中吹在炭棒电弧的后侧。该型式的炭弧气刨枪结构较简单，其特点是压缩空气沿炭棒喷出，当炭棒伸出长度变化时，压缩空气始终吹到熔化的金属上，同时炭棒前后的金属不受压缩空气的冷却。此外，炭棒伸出长度调节方便，圆形及扁形炭棒均能使用。

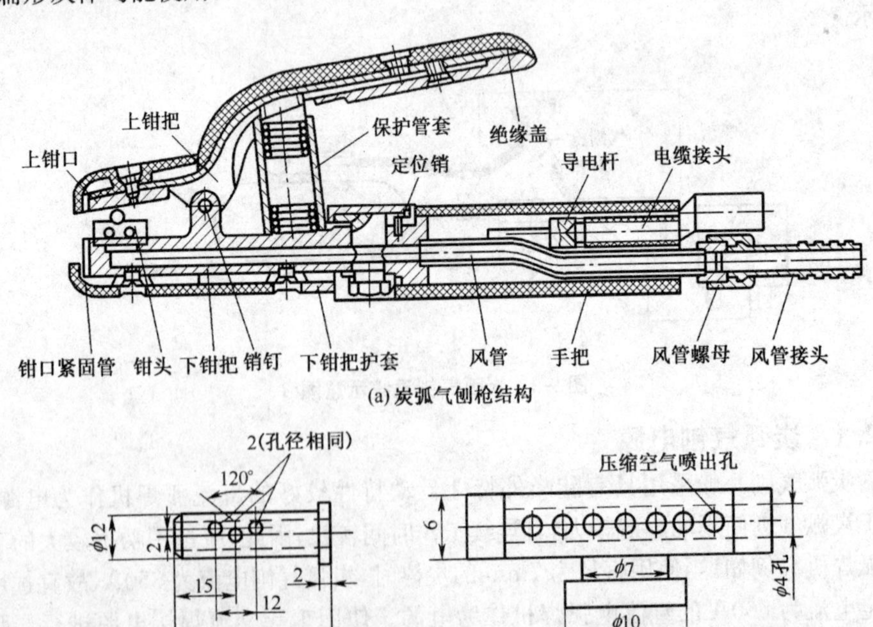

图 9-3 钳式侧面送风式炭弧气刨枪结构

钳式侧面送风式炭弧气刨枪的缺点是：只能向左或向右单一方向进行气刨，操作不灵活。而且压缩空气喷孔只有两个，喷射面不够宽，影响刨削效率。因此，有的炭弧气刨枪把钳头小孔由 2 个增至 3 个，并将孔按扇形排列，如图 9-3b 所示。这样扩大了送风范围，刨削效率比 2 孔钳头高。也有把钳头的喷气孔增加到 7 个，专门用于矩形炭棒，而且在下部加一个转向轴，如图 9-3c。这样可改变钳头方向，提高操作灵活性。

②旋转式侧面送风式炭弧气刨枪。旋转式侧面送风式炭弧气刨枪轻巧、加工制造方便，对不同尺寸的圆炭棒或扁炭棒备有不同的黄铜喷嘴，喷嘴在连接套中可做 360°回转。连接套与主体采用螺纹连接，并可做适当转动，因此气刨枪头可按工作需要转成各种位置。炭弧气刨枪的主体及气、电接头都用绝缘壳保护。旋转式侧面送风式炭弧气刨枪的结构如图 9-4 所示。

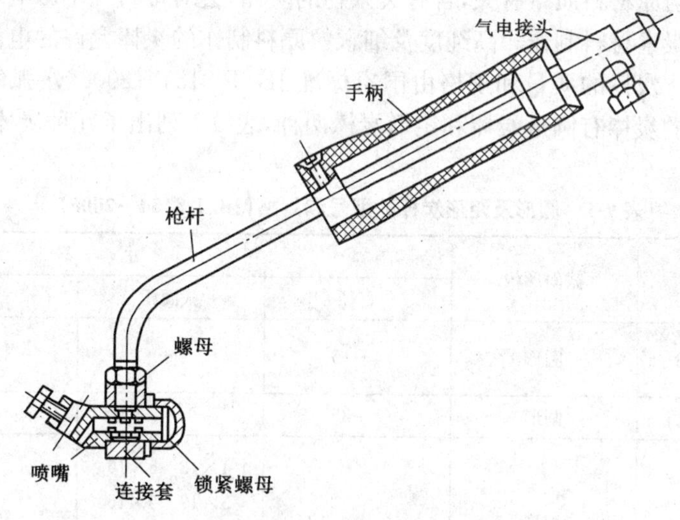

图 9-4 旋转式侧面送风式炭弧气刨枪结构

2. 圆周送风式炭弧气刨枪

图 9-5 所示为一种圆周送风式炭弧气刨枪。枪头有分瓣状弹性夹头，起夹紧炭棒、导电和送风等作用。夹头沿着圆周开有 4 条长方形出风口，压缩空气沿炭棒四周喷流，既均匀冷却炭棒、对电弧有一定的压缩作用，又能使熔渣沿刨槽的两侧排出，使槽的前端不堆积熔渣，便于看清刨削位置。

这种炭弧气刨枪结构紧凑、质量轻、绝缘好、送风量大；枪头可任意转向，能满足各种空间位置操作的需要。另外配有各种规格的炭棒夹头，既可用于圆炭棒，也可使用矩形炭棒。

9.2.3 炭弧气刨用炭棒

炭弧气刨用炭棒具有导电性良好、耐高温、损耗少、电弧稳定、成本低等特点。

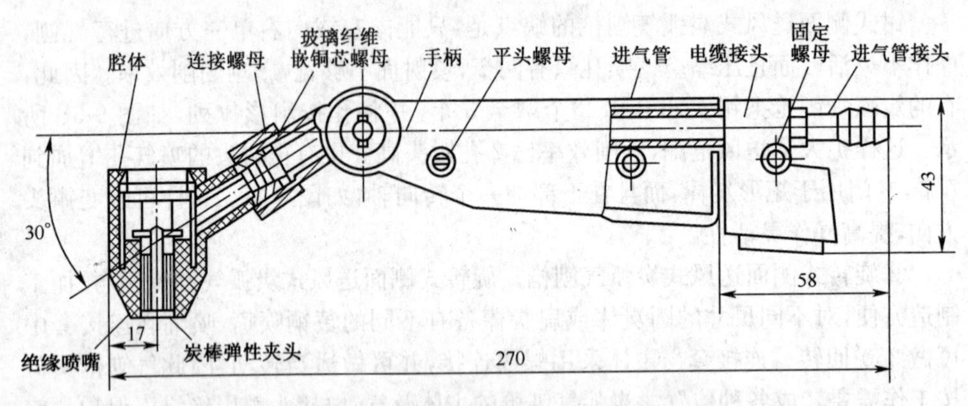

图 9-5 圆周送风式炭弧气刨枪结构示意

炭棒的性能与原材料质量有关，含有夹杂物的炭棒，会对母材产生影响，因此炭棒应选用高级炭素材料制作。高纯度及细颗粒原料制作的炭棒允许的电流密度高、电棒消耗小。炭棒的质量和规格由国家标准 JB/T 8154—2006《炭弧气刨炭棒》规定。常用的炭棒有圆形炭棒和矩形炭棒两种，表 9-1 列出了几种炭棒的型号和规格。

表 9-1 圆形及矩形炭棒的型号和规格(JB/T 8154—2006) (mm)

型　号	截面形状	尺　寸		
		直径	截面积	长度
B504～B516	圆形	4～16	—	305、355
BL508～BL525	圆形	8～25	—	355、430、510
B5412～B5620	矩形	—	4×12　5×10 5×12　5×15 5×18　5×20 5×25　6×20	305、355

注：特殊规格，按合同规定。

9.2.4 送气软管

为向炭弧气刨区送进足量的压缩空气，输气软管应具有足够的通道。一般直径 9mm 以下的炭棒，输气软管的内径和接头宜选用 6.4mm；直径大于 9.5mm 的炭棒，需使用内径为 9.5mm 的胶管和接头。

一般炭弧气刨枪需接上电源电线和压缩空气软管，但送气软管和电缆一般是分开的，需分别接插，操作不便。为了便于操作，同时防止电源导线过热，可采用电、气合一的软管。这样使压缩空气能冷却导线，不但解决了导线的大电流长时间使用下的发热问题，而且使导线截面相应减小。这种电、气合一的炭弧气刨枪软管，具有质量轻、使用方便灵活、节省材料等优点。电、气合一炭弧气刨枪软管结构如图 9-6 所示。

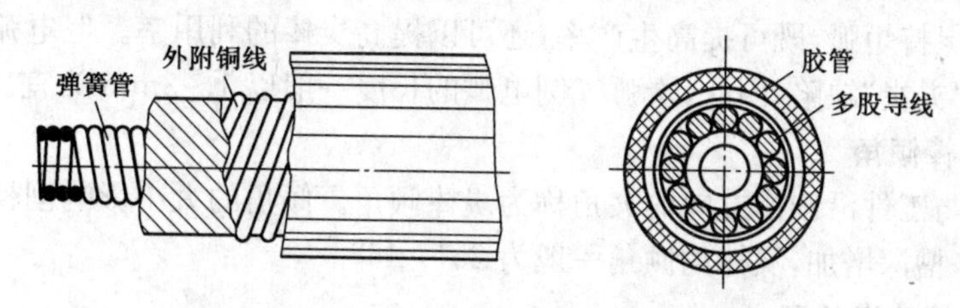

图 9-6 电、气合一炭弧气刨枪软管结构示意

9.3 炭弧气刨工艺

9.3.1 炭弧气刨工艺规范

炭弧气刨的工艺参数主要有电源极性、电流与炭棒直径、刨削速度、压缩空气压力、炭棒的伸出长度、炭棒与工件的倾角、电弧长度等。

1. 极性

炭弧气刨一般都采用直流反极性(铸铁和铜及铜合金采用正极性)，这样刨削过程稳定，刨槽光滑。

2. 炭棒直径与电流

炭棒直径根据被刨削金属的厚度来选择。被刨削的金属越厚，炭棒直径越大。刨削电流与炭棒直径成正比关系，一般可根据下面的经验公式选择刨削电流：

$$I=(30\sim50)d$$

式中 I——刨削电流(A)；

d——炭棒直径(mm)。

炭棒直径还与刨槽宽度有关，刨槽越宽，炭棒直径越大，一般炭棒直径应比刨槽的宽度小 2～4mm。

3. 刨削速度

刨削速度对刨槽尺寸和表面质量都有一定的影响。刨削速度太快会造成炭棒与金属相碰，使炭粘在刨槽的顶端，形成所谓的"夹炭"缺陷。刨削速度增大，刨削深度减小，一般刨削速度为 0.5～1.2m/min 较合适。

4. 压缩空气的压力

压缩空气的压力高，能迅速吹走液态金属，使炭弧气刨顺利进行，一般压缩空气压力为 0.4～0.6MPa。压缩空气中的水分应适当控制，水分和油分过多会使刨槽表面质量变坏。

5. 电弧长度

炭弧气刨刨削过程中电弧过长，会引起操作不稳定，甚至熄弧。因此，操作时要求尽量保持短弧，既可提高生产率，还可以提高炭棒的利用率。但电弧太短，又容易引起“夹炭”缺陷，因此，炭弧气刨电弧的长度一般以1～2mm为宜。

6. 炭棒倾角

炭棒与工件沿刨槽方向的夹角称为炭棒倾角。倾角的大小影响刨槽的深度，倾角增大，槽深增加，炭棒的倾角一般为25°～45°。

7. 炭棒伸出长度

炭棒从导电嘴到电弧端的长度为炭棒伸出长度。炭棒伸出长度过长，就会使压缩空气吹到熔池的风力不足，不能顺利地将熔化金属吹走，同时，伸出长度越长，炭棒的电阻增加，烧损也越快。但伸出长度太短会引起操作不便，一般炭棒伸出长度以80～100mm为宜。

9.3.2 炭弧气刨基本操作技能

1. 刨削

(1)准备工作　刨削前应先检查电源的极性是否正确，电缆及气管是否接好，并根据工件厚度、槽的宽度选择炭棒直径和电流，调节炭棒伸出长度为80～100mm，检查压缩空气管路和调节压力，调整风口并使其对准刨槽。

(2)引弧　引弧时，应先缓慢打开气阀，随后引燃电弧，否则易产生夹炭和使炭棒烧红。电弧引燃瞬间，不宜拉得过长，以免熄灭。

(3)刨削要点

①当电弧刚引燃时，刨削速度应慢一点，因为开始刨削时钢板温度低，不能很快熔化，易产生夹炭。当钢板熔化而且被压缩空气吹去时，可适当加快刨削速度。

②刨削过程中，炭棒不应横向摆动和前后往复移动，只能沿刨削方向做直线运动。

③炭棒倾角按槽深要求而定，一般为25°～45°。

④刨削时，操作要稳，炭棒中心线应与刨槽中心线重合。否则，易造成刨槽形状不对称。

⑤在垂直位置气刨时，应由上向下移动，便于熔渣流出。

⑥要保持均匀的刨削速度。刨削时，均匀清脆的“嘶、嘶”声表示电弧稳定，可得到光滑均匀的刨槽。每段刨槽衔接时，应在弧坑上引弧，防止碰触刨槽或产生严重凹痕。

⑦刨削结束时，应先切断电弧，过几秒钟后再关闭气阀，使炭棒冷却。

⑧刨削后应清除刨槽及其边缘的铁渣、毛刺和氧化皮，用钢丝刷清除刨槽内炭灰和“铜斑”，并按加工要求检查焊缝根部是否完全刨透，缺陷是否完全清除。

2. 刨坡口

(1)刨U形坡口 厚度较小时,U形坡口可一次完成。一般坡口深度不超过7mm时,底部可以一次刨成,两侧斜边可按图9-7a所示进行刨削。钢板很厚时,坡口相应开大,可按图9-7b所示顺序多次刨削。

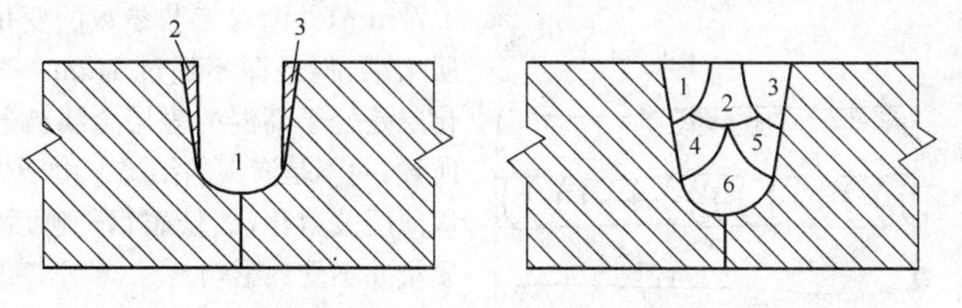

(a) 开U形坡口的刨削顺序 (b) 厚钢板开U形坡口的刨削顺序

图9-7 U形坡口的刨削

(2)刨单边坡口 利用炭弧气刨开单边坡口时,厚度小于12mm的钢板,开单边坡口可一次完成;厚度较大的钢板,可以多次刨削来完成。

3. 挑焊根

通常在焊接厚度大于12 mm的钢板时,需要两面焊。为了保证焊接质量,常在反面焊之前,将正面焊缝的根部刨掉,通常称此为挑焊根。挑焊根与开U形坡口操作相同,并在生产中得到广泛应用。容器内、外环缝挑焊根的情况如图9-8所示。

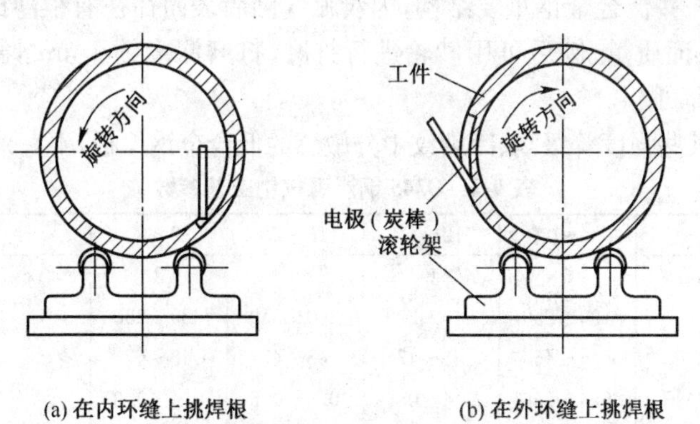

(a) 在内环缝上挑焊根 (b) 在外环缝上挑焊根

图9-8 容器内、外环缝的挑焊根

4. 焊缝返修时刨削缺陷

焊缝经X射线或超声波探伤后,发现有超标准的缺陷,可用炭弧气刨进行刨除。刨削时,应根据检验人员在焊缝上标记的缺陷位置进行刨削。刨削过程中要注意一层一层地刨,每层不要太厚。当发现缺陷后,应再轻轻地往下刨一两层,直到将缺陷彻底刨除为止。焊缝缺陷刨削如图9-9所示。

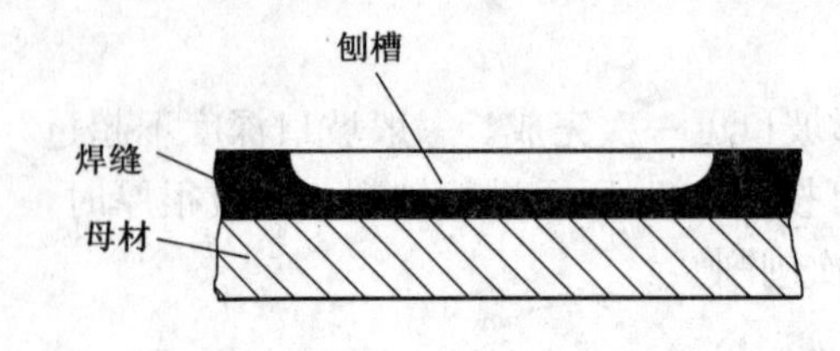

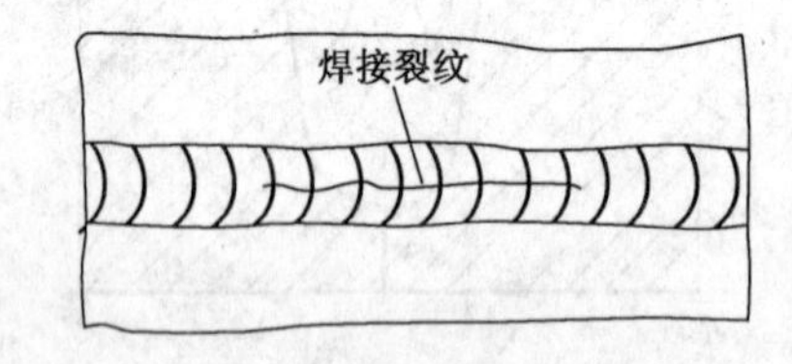

图 9-9 焊缝缺陷刨除后的槽形

5. 低碳钢和低合金钢的炭弧气刨

(1)低碳钢炭弧气刨 低碳钢采用炭弧气刨开坡口或挑焊根后,刨槽表面有一个硬化层,其深度为 0.54～0.72mm,并随着工艺参数的变化而有所增减,但最深不超过 1mm。表面硬化层是处于高温的表层金属被急冷后所致,而不是渗碳的结果。由于焊接时该薄层被熔化,故低碳钢气刨后,焊接质量并不受到影响。

(2)低合金钢炭弧气刨 在低合金钢的焊接结构中也广泛使用炭弧气刨挑焊根和返修焊缝。

①Q345 (16Mn)钢的炭弧气刨与低碳钢一样,当采用正确的工艺参数及操作工艺时,气刨边缘一般都没有明显的增炭层。但由于压缩空气急冷的结果,在气刨边缘有 0.5～1.2mm 的热影响区,焊接该边缘金属熔入焊缝,气刨引起的热影响区消失。Q345 钢的炭弧气刨工艺参数见表 9-2。

②对于一些合金含量较多的低合金钢,可通过采取预热措施进行气刨,同样可获得良好效果。

③对于一些低合金钢重要结构,因炭弧气刨后表面往往有很薄的增炭层和淬硬层,为了保证质量,刨后可用砂轮进行打磨,打磨深度约 1mm ,露出金属光泽且表面平滑即可。

④对于某些强度等级高、冷裂纹十分敏感的低合金钢厚板,不宜采用炭弧气刨。

表 9-2 Q345 钢炭弧气刨工艺参数

板厚/mm		8～10	12～14	16～20	22～30	30 以上
炭弧直径/mm		6	8	8	8	8
电流/A		190～250	240～290	290～350	320～380	340～400
电压/V		44～46	45～47	45～47	45～47	45～47
压缩空气压力/MPa		0.4～0.6	0.4～0.6	0.4～0.6	0.4～0.6	0.4～0.6
炭棒倾角		30°～45°	30°～45°	30°～45°	30°～45°	30°～45°
有效风距/mm		50～130	50～130	50～130	50～130	50～130
弧长/mm		1～1.5	1～1.5	1.5～2	1.5～2.5	1.5～2.5
刨速/(mm/min)		0.9～1	0.85～0.9	0.8～0.85	0.7～0.8	0.65～0.7
刨槽尺寸/mm	槽深	3～4	3.5～4.5	4.5～5.5	5～6	6～6.5
	槽宽	5～6	6～8	9～11	10～12	11～13
	槽底宽	2～3	3～4	4～5	4～5	4.5～5.5

9.3.3　炭弧气刨安全操作规程

①操作时，尤其是进行全位置刨削时应穿戴全套防护用品（包括帽子、鞋罩、口罩、护目镜等）。

②操作时，应尽可能顺风向操作，防止熔化金属及熔渣烧损工作服及烫伤皮肤，并注意工作场地防火。

③在容器或舱室内部操作时，内部空间不能过于狭小，且必须加强通风和排除烟尘的措施。

④气刨使用的电流较大，应注意防止电源的过载和因长时间连续使用而发热，避免烧毁电源。

⑤应使用带铜皮的专用炭弧气刨的炭棒。

⑥其他安全措施与一般电弧焊相同。

10 熔焊焊缝外观检查及返修

10.1 焊接检验的内容

焊接检验包括焊前检验、焊接过程中检验和焊后检验。完善的焊接检验能保证不合格的原材料不投产,不合格的零件不组装,不合格的组装不焊接,不合格的焊缝必返工,不合格的产品不出厂,层层把住质量关。

10.1.1 焊前检验

(1)检验目的　以预防为主,达到减小或消灭焊接缺陷产生的可能性。

(2)主要检验内容

①金属原材料的检验。检验金属原材料质量、来料的单据及合格证、金属材料上的标记、金属材料表面质量、金属材料的尺寸。

②焊接材料的检验。检验焊接材料的选用及审批手续、代用的焊接材料及审批手续、焊接材料的工艺性处理、焊接材料的型号及颜色标记。

③焊件的生产准备检查。检验坡口的选用、坡口角度、钝边及加工质量。

④焊件装配的检验。检验零部件装配、装配工艺、定位焊质量。

⑤焊接试板的检验。检验试板的用料、试板的加工、试板的尺寸及分类。

⑥焊接预热的检验。检验预热方式、预热温度及温度范围。

⑦焊工资格的检查。检查焊工资格证件的有效期、焊工资格证件考试合格的项目。

⑧焊接环境的检查。检查风速、相对湿度、最低气温等。露天施焊时,雨、雪天气应停止焊接。

⑨试板焊接的检验。试板按正式焊件的焊接参数焊接,并按工艺文件所要求的内容进行检验。

10.1.2 焊接过程中的检验

(1)检验目的　防止和及时发现焊接缺陷,并进行修复,保证焊件在制造过程中的质量。

(2)主要检验内容

①焊接工艺方法检查。检查焊接工艺方法是否与工艺规程规定相符,如不相符应办理审批手续。

②焊接材料检验。检查焊接材料的特征、颜色、型号标注、尺寸、焊缝外观特征;检验焊接材料领用单与实际使用的焊接材料是否相符。

③焊接顺序检查。注意现场施焊部位的施焊方向和顺序。

④预热温度检查。根据焊件表面温度变化情况,随时验证预热温度是否符合要求。

⑤焊道表面质量检查。对发现的焊缝缺陷进行及时修复。

⑥层间温度检查。多道焊或多层焊时,防止焊缝金属组织过热。

⑦焊后热处理检查。焊后要及时进行消除应力的热处理。检查焊后热处理的方法、工艺参数是否与工艺规程相符。

10.1.3　焊后检验

焊后检验是焊接检验的最后阶段,其目的是保证焊件质量完全符合技术文件要求,其主要内容是根据产品的具体要求进行相应的检验。

10.2　焊接缺陷的产生原因及防止措施

焊接缺陷会导致工件应力集中,降低承载能力,缩短使用寿命,甚至造成脆断。一般技术规程规定:裂纹、未焊透、未熔合和表面夹渣等不允许有;咬边、内部夹渣和气孔等缺陷不能超过一定的允许值,对于超标缺陷必须进行彻底去除和焊补。

常见的焊接方法及其缺陷的产生原因、危害及防止措施简述如下。

10.2.1　气孔缺陷

气孔缺陷的产生原因及防止措施表见10-1。

表10-1　气孔缺陷的产生原因及防止措施

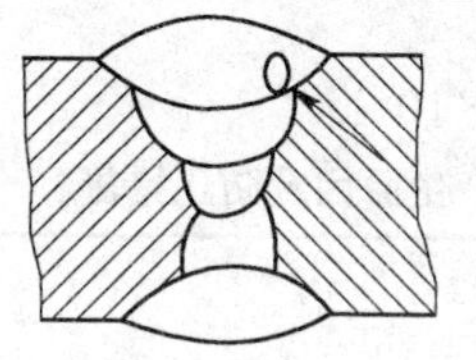
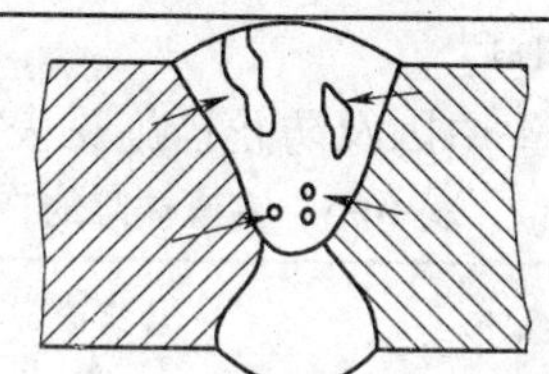

焊接方法	产生原因	防止措施
焊条电弧焊	①焊条不良或潮湿。 ②焊件有水分、油污或锈。 ③焊接速度太快。 ④电流太强。 ⑤电弧长度不适合。 ⑥焊件厚度大,金属冷却过快	①选用适当的焊条并注意烘干。 ②焊接前清洁被焊部位。 ③降低焊接速度,使内部气体容易逸出。 ④使用设备建议的焊接电流。 ⑤调整适当电弧长度。 ⑥施行适当的预热工作
CO_2气体保护焊	①母材不洁。 ②焊丝有锈或焊药潮湿。 ③点焊不良,焊丝选择不当。 ④焊丝伸出长度过长,CO_2气体保护不周密。 ⑤风速较大,无挡风装置。 ⑥焊接速度太慢,冷却快速。 ⑦火花飞溅粘在喷嘴,造成气体乱流。 ⑧气体纯度不良,含杂物多(特别是含水分)	①焊接前注意清洁被焊部位。 ②选用适当的焊丝并注意保持干燥。 ③点焊焊道不得有缺陷,同时要清洁干净,且使用焊丝尺寸要适当。 ④减小焊丝伸出长度,调整气体流量。 ⑤加装挡风设备。 ⑥降低冷却速度使内部气体逸出。 ⑦注意清除喷嘴处焊渣,并涂以飞溅附着防止剂,以延长喷嘴寿命。 ⑧使用纯度为99.98%以上,水分为0.005%以下的CO_2气体

10.2.2 咬边缺陷

咬边缺陷的产生原因及防止措施见表10-2。

表10-2 咬边缺陷的产生原因及防止措施

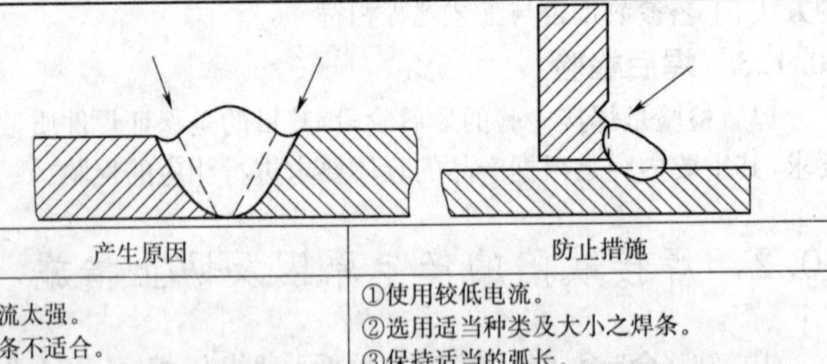

焊接方法	产生原因	防止措施
焊条电弧焊	①电流太强。 ②焊条不适合。 ③电弧过长。 ④操作方法不当。 ⑤母材不洁。 ⑥母材过热	①使用较低电流。 ②选用适当种类及大小之焊条。 ③保持适当的弧长。 ④采用正确的角度，较慢的速度，较短的电弧及较窄的运行法。 ⑤清除母材油渍或锈。 ⑥使用直径较小的焊条
CO_2 气体保护焊	①电弧过长，焊接速度太快。 ②角焊时，焊条对准部位不正确。 ③立焊摆动或操作不良，使焊道两边填补不足产生咬边	①降低电弧长度及焊接速度。 ②在水平角焊时，焊丝位置应离交点1～2mm。 ③改正操作方法

10.2.3 夹渣缺陷

夹渣缺陷的产生原因及防止措施见表10-3。

表10-3 夹渣缺陷的产生原因及防止措施

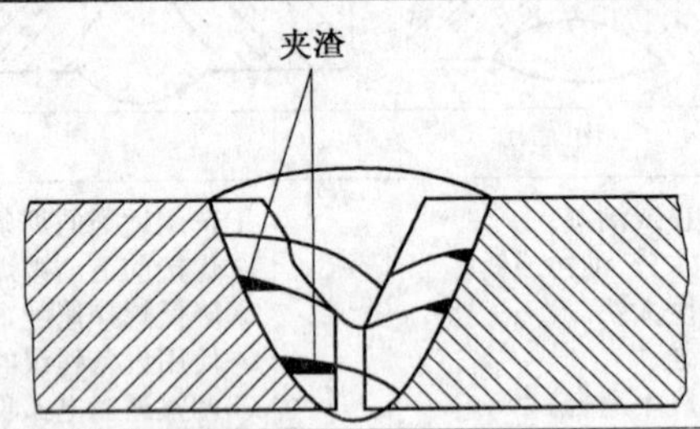

焊接方法	产生原因	防止措施
焊条电弧焊	①前层焊渣未完全清除。 ②焊接电流太低。 ③焊接速度太慢。 ④焊条摆动过宽。 ⑤焊缝组合及设计不良	①彻底清除前层焊渣。 ②采用较高电流。 ③提高焊接速度。 ④减小焊条摆动宽度。 ⑤改正适当坡口角度及间隙
CO_2 气体电弧焊	①母材倾斜(下坡)使焊渣超前。 ②前一道焊接后，焊渣未清洁干净。 ③电流过小，焊接速度慢，焊量多。 ④用前进法焊接，开槽内焊渣超前甚多	①尽可能将焊件放置水平位置。 ②注意每道焊道之清洁。 ③增加电流和焊接速度，使焊渣容易浮起。 ④提高焊接速度

10.2.4 未焊透缺陷

未焊透缺陷的产生原因及防止措施见表 10-4。

表 10-4 未焊透缺陷的产生原因及防止措施

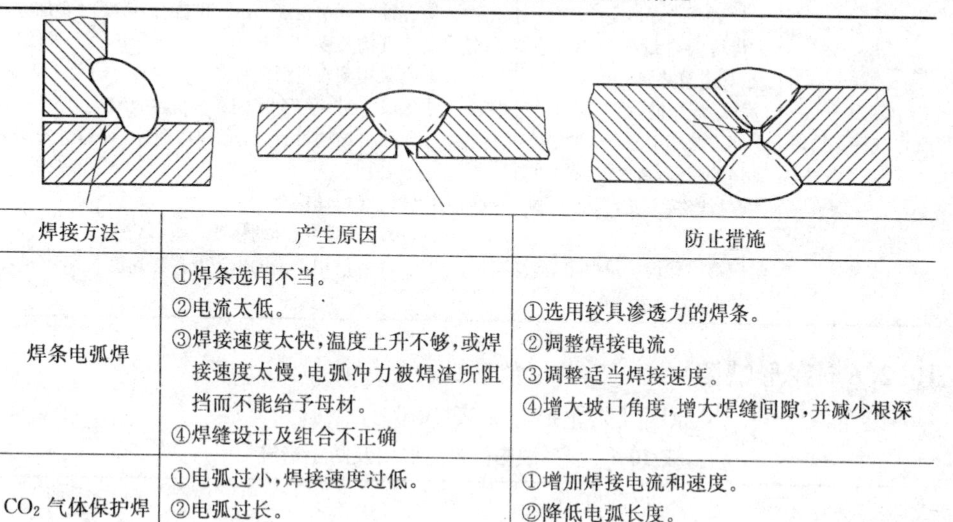

焊接方法	产生原因	防止措施
焊条电弧焊	①焊条选用不当。 ②电流太低。 ③焊接速度太快，温度上升不够，或焊接速度太慢，电弧冲力被焊渣所阻挡而不能给予母材。 ④焊缝设计及组合不正确	①选用较具渗透力的焊条。 ②调整焊接电流。 ③调整适当焊接速度。 ④增大坡口角度，增大焊缝间隙，并减少根深
CO_2 气体保护焊	①电弧过小，焊接速度过低。 ②电弧过长。 ③开槽设计不良	①增加焊接电流和速度。 ②降低电弧长度。 ③增加开槽度数。增加间隙减少根深

10.2.5 裂纹缺陷

裂纹缺陷的产生原因及防止措施见表 10-5。

表 10-5 裂纹缺陷的产生原因及防止措施

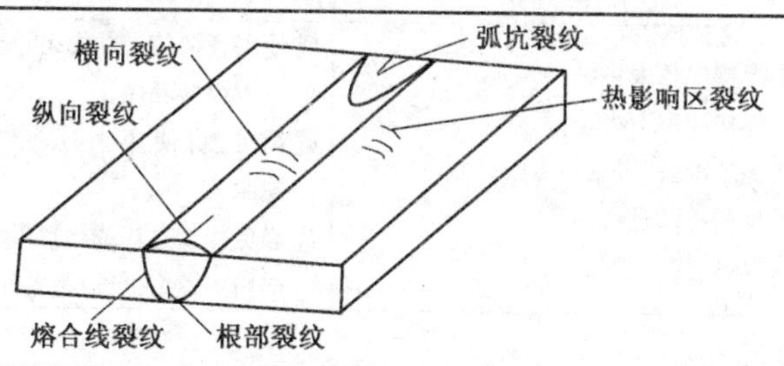

焊接方法	产生原因	防止措施
焊条电弧焊	①焊件含有过高的碳、锰等元素。 ②焊条品质不良或潮湿。 ③焊缝拘束应力过大。 ④母材含硫过高不适于焊接。 ⑤施工准备不足。 ⑥母材厚度较大，冷却过快。 ⑦电流太强。 ⑧首道焊道不足以抵抗收缩应力	①使用低氢系焊条。 ②使用适宜焊条，并注意干燥。 ③改良结构设计，注意焊接顺序，焊接后进行热处理。 ④避免使用不良钢材。 ⑤焊接时需考虑预热或后热。 ⑥预热母材，焊后缓冷。 ⑦使用适当电流。 ⑧首道焊接的焊道金属须充分抵抗收缩应力

续表 10-5

焊接方法	产生原因	防止措施
CO_2 气体保护焊	①开槽角度过小，在大电流焊接时，产生梨形或焊道裂纹。 ②母材碳含量和其他合金含量过高(焊道及热影区)。 ③多层焊接时，第一层焊道过小。 ④焊接顺序不当，产生拘束力过强。 ⑤焊丝潮湿，氢气侵入焊道。 ⑥套板密接不良，高低不平，导致应力集中。 ⑦因第一层焊接量过多，冷却缓慢(不锈钢、铝合金等)	①注意开槽角度与电流的配合，必要时要加大开槽角度。 ②采用碳含量低的焊条。 ③第一道焊缝金属能充分抵抗收缩应力。 ④改良结构设计，注意焊接顺序，焊后进行热处理。 ⑤注意焊丝保存。 ⑥注意焊件组合的精度。 ⑦注意使用正确的电流及焊接速度

10.2.6　变形缺陷

变形缺陷的产生原因及防止措施见表 10-6。

表 10-6　变形缺陷的产生原因及防止措施

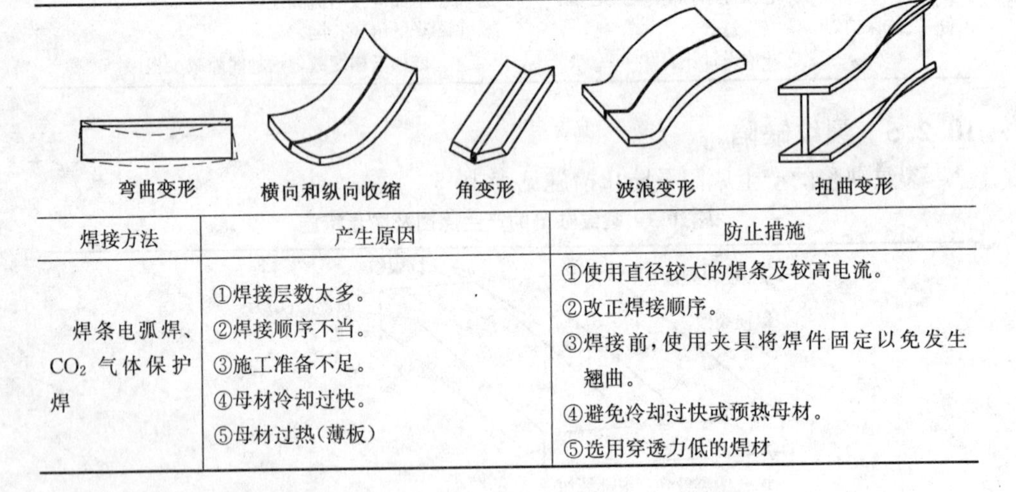

焊接方法	产生原因	防止措施
焊条电弧焊、CO_2 气体保护焊	①焊接层数太多。 ②焊接顺序不当。 ③施工准备不足。 ④母材冷却过快。 ⑤母材过热(薄板)	①使用直径较大的焊条及较高电流。 ②改正焊接顺序。 ③焊接前，使用夹具将焊件固定以免发生翘曲。 ④避免冷却过快或预热母材。 ⑤选用穿透力低的焊材

10.2.7　其他焊接缺陷

其他焊接缺陷的产生原因及防止措施见表 10-7。

表 10-7　其他焊接缺陷的产生原因及防止措施

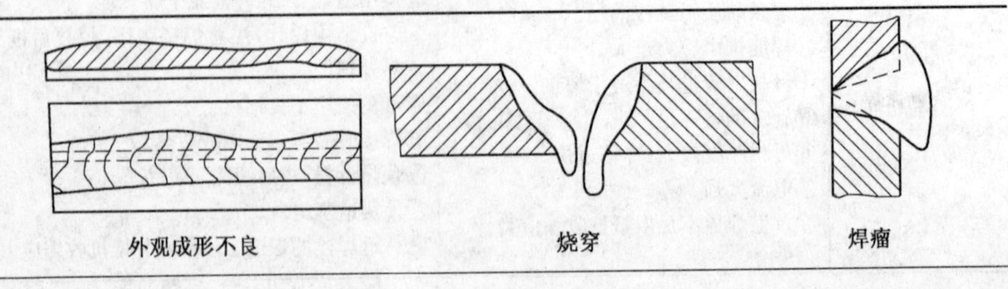

续表 10-7

焊接缺陷	产生原因	防止措施
搭叠	①电流太低。 ②焊接速度太慢	①选用合适的电流。 ②选用合适的速度
焊道外观形状不良	①焊条不良。 ②操作方法不当。 ③焊接电流过高,焊条直径过粗。 ④焊件过热。 ⑤焊道内熔填方法不良。 ⑥导电嘴磨耗	①选用合适的干燥焊条。 ②采用合适的焊接速度及正确的焊接顺序。 ③选用合适的电流及焊条。 ④降低电流。 ⑤多加练习。 ⑥更换导电嘴
凹痕	①使用焊条不当。 ②焊条潮湿。 ③母材冷却过快。 ④焊条不洁及焊件的偏析。 ⑤焊件含碳、锰成分过高	①使用合适的焊条,如无法消除时用低氢型焊条。 ②使用干燥过的焊条。 ③减低焊接速度,避免急冷,最好施以预热或焊后热处理。 ④使用良好低氢型焊条。 ⑤使用盐基度较高焊条
偏弧	①在直流电焊时,焊件磁场不均,使电弧偏向 ②接地线位置不佳。 ③焊枪拖拽角太大。 ④焊丝伸出长度太短。 ⑤电压太高,电弧太长。 ⑥电流太大。 ⑦焊接速度太快	①电弧偏向一方设置一地线;正对偏向一方焊接,采用短电弧,改正磁场;改用交流电焊。 ②调整接地线位置。 ③减小焊枪拖拽角。 ④增加焊丝伸出长度。 ⑤降低电压及使用较短电弧。 ⑥使用适当电流。 ⑦调整焊接速度
烧穿	①在开槽焊接时,电流过大。 ②因开槽不良焊缝间隙太大	①降低电流。 ②减小焊缝间隙
焊道不均匀	①导电嘴磨损,焊丝输出产生摇摆。 ②焊枪操作不熟练	①更换新的导电嘴 ②增加操作练习
焊瘤	①电流过大,焊接速度太慢。 ②电弧太短,焊道高。 ③焊丝对准位置不适当(角焊时)	①选用正确的电流及焊接速度。 ②提高电弧长度。 ③焊丝不可离交点太远
火花飞溅过多	①焊条不良。 ②电弧太长。 ③电流太高或太低。 ④电弧电压太高或太低。 ⑤焊丝突出过长。 ⑥焊枪倾斜过度,拖拽角太大。 ⑦焊丝过度吸湿。 ⑧焊机情况不良	①采用干燥合适的焊条。 ②使用较短的电弧。 ③调整电流。 ④调整电弧电压。 ⑤按焊丝说明书使用。 ⑥尽可能保持垂直,避免过度倾斜。 ⑦改善仓库保管条件。 ⑧维修焊机,注意日常保养

续表 10-7

焊接缺陷	产生原因	防止措施
焊道成蛇行状	①焊丝伸出过长。 ②焊丝扭曲。 ③直线操作不良	①采用适当的焊丝长度，例如，实心焊丝在大电流焊接时，伸出长度为 20～25mm，在自动保护焊接时，伸出长度为 40～50mm。 ②更换新焊丝或将扭曲焊丝予以校正。 ③在直线操作时，焊枪要保持垂直
电弧不稳定	①焊枪前端的导电嘴比焊丝直径大太多。 ②导电嘴发生磨损。 ③焊丝发生卷曲。 ④焊丝输送机回转不顺。 ⑤焊丝输送轮沟槽磨损。 ⑥加压轮子压紧不良。 ⑦导管接头阻力太大	①焊丝直径必须与导电嘴配合。 ②更换导电嘴。 ③将焊丝卷曲拉直。 ④将输送机轴加油，使回转润滑。 ⑤更换输送轮。 ⑥调整加压轮，使压力合适，太松送线不良，太紧焊丝损坏。 ⑦导管弯曲过大，调整弯曲量
喷嘴与母材间发生电弧	喷嘴、导管或导电嘴间发生短路	清理喷嘴，或使用有绝缘保护的陶瓷管焊枪
焊枪喷嘴过热	①冷却水不能充分流出。 ②电流过大	①确保冷却水管畅通，如冷却水管阻塞必须清除，使水压提升，流量正常。 ②焊枪在容许电流范围及使用率之内使用
焊丝粘住导电嘴	①导电嘴与母材间的距离过短。 ②导管阻力过大，送线不良。 ③电流太小，电压太大	①使用适当距离或稍长的起弧方法，然后调整到适当距离。 ②清理导管内部，使其能平稳输送焊丝。 ③调整适当的电流、电压

10.3 焊接缺陷的返修要求和方法

焊接结构缺陷是生产过程中经常遇到的，准确、合理、及时地做好这些缺陷的返修，不仅能保证产品质量，而且对降低生产成本、提高生产率具有重要意义。

在实际生产中，不同的结构其缺陷的返修要求和返修方法也是不同的。现以锅炉及压力容器受压件的纵缝、环缝返修要求及返修方法为例做一介绍。

10.3.1 返修要求

在锅炉及压力容器受压件的制造过程中，常因设计和制造工艺不当、设备的不完备、生产过程的管理不善、焊工的技术和素质不高、施工条件不良、原材料的使用不当等原因，造成产品存在不同程度的各种缺陷。当这些缺陷超过技术条件或规程所允许的范围时，就必须进行返修。为了保证返修的成功，就必须编制一定的返修工艺。返修工艺的编制原则及内容包括以下几方面。

(1)调查产品设计及制造过程 对于重要产品的严重缺陷，在返修前必须了解其原材料设计、生产工艺及制造的全过程，作为分析的基础。

(2)确定缺陷的状况 要查清缺陷的性质、大小以及部位。

(3)分析缺陷的原因 这是确保缺陷返修工艺成功的基础。

(4)提出正确的返修工艺 正确的返修工艺包括以下内容：

①缺陷的清除方法，坡口的加工，对即将进行焊补的区域提出清除、质量复检的方法及要求。

②返修焊接工艺，包括返修的焊接方法、采用的焊接设备及其焊接材料、施焊工艺参数、焊后热处理等。

③质量检查，进行探伤、水压实验、各种性能实验。

10.3.2 返修方法

这里仅将返修焊缝的操作要点及注意事项阐述如下。

①原则上应采用与原产品相同的焊接工艺和焊接材料进行返修，否则，应重做返修工艺评定。

②返修工作必须在缺陷彻底清除的前提下方能进行。

③产品需做热处理时，返修应在产品热处理前进行，否则，返修后应重进行热处理。

④返修次数不得超过有关规程的规定，《蒸汽锅炉安全技术监察规程》规定同一位置上的返修不得超过3次。

《压力容器安全技术监察规程》规定，同一部位(即补焊的填充金属重叠)的返修次数一般不应超过2次，对经过返修2次仍不合格的焊缝，如再进行返修，须经制造单位技术总负责人批准。

⑤返修时应采取防止冷裂，减少焊接变形、焊接应力及焊接热影响区的措施。例如，采用较小的焊接能量、合理的焊接顺序、焊件预热，控制层间温度、层间锤击、焊后热处理等措施。

⑥焊接缺陷的清除与返修，均不允许在带压或承载状态下进行。

⑦应加强对每道返修焊缝的质量检查，对起弧与收弧处，在层间或道间都必须相互错开。

⑧返修工作应由取得相应合格证的优秀焊工担任。

⑨对返修后的焊补区(包括焊缝及相应的热影响区)应做仔细检查，检查标准应不低于原产品的要求。若仍发现有不允许存在的缺陷时，应做第二次返修。

附录1

职业技能鉴定国家题库
焊工初级理论知识模拟试卷

一、单项选择(第1题～第80题。选择一个正确的答案,将相应的字母填入题内的括号中。每题1分,满分80分。)

1.(　　)不包括在职业道德的意义中。

A. 有利于社会体制改革

B. 有利于推动社会主义物质文明建设

C. 有利于企业的建设和发展

D. 有利于个人的提高和发展

2. 劳动者通过诚实的劳动,(　　)。

A. 主要是为了改善自己的生活

B. 在改善自己生活的同时,也为增进社会共同利益而劳动

C. 不是为改善自己的生活,只是为增进社会共同利益而劳动

D. 仅仅是为了个人谋生,而不是为建设国家而劳动

3. 在图形中采用虚线表示的是(　　)。

A. 尺寸线　　B. 对称中心线

C. 不可见轮廓线　　D. 极限位置的轮廓线

4. 装配图的尺寸标注与零件图不同,在装配图中(　　)不需标注。

A. 零件全部尺寸　　B. 相对位置尺寸

C. 安装尺寸　　D. 设计中经计算的尺寸

5. 金属在固态下随温度的变化,(　　)的现象,称为同素异晶转变。

A. 由一种晶格转变为另一种晶格

B. 由一种成分转变为另一种成分

C. 由一种晶体转变为另一种晶体

D. 由一种性能转变为另一种性能

6. 合金中两种元素的原子按一定比例相(　　),具有新的晶体结构,在晶格中各元素原子的相互位置是固定的物质称为化合物。

A. 混合　　B. 结合　　C. 扩散　　D. 渗透

7. 珠光体是(　　)的机械混合物.碳的质量分数为0.8%左右。

A. 奥氏体和渗碳体　　B. 铁素体和渗碳体

C. 铁素体和马氏体　　D. 铁素体和莱氏体

8. 钢和铸铁都是（　　），碳的质量分数等于 2.11%～6.67%的（　　）称为铸铁。

A. 铬铁合金；铬铁合金　　B. 铬铁合金；铁碳合金

C. 铁碳合金；铬铁合金　　D. 铁碳合金；铁碳合金

9. 钢材在拉伸时，材料在拉断前所承受的最大应力称为（　　），用 σ_b 来表示。

A. 伸长率　　B. 冲击韧度　　C. 屈服点　　D. 抗拉强度

10. 根据 GB/T 221—2000 规定，合金结构钢牌号头部用两位阿拉伯数字表示，碳的质量分数的平均值（　　）表示。

A. 以百分之几计　　B. 以千分之几计

C. 以万分之几计　　D. 以十万分之几计

11. 使用了低合金结构钢，不仅大大地节约了钢材，减轻了重量，同时也大大提高了产品的质量和（　　）。

A. 缩短寿命　　B. 安装周期　　C. 使用要求　　D. 使用寿命

12. 在并联电路中的总电阻值小于各并联电阻值，并联电阻越多其总电阻越小，电路中的总电流（　　）。

A. 不变　　B. 近似　　C. 越小　　D. 越大

13. 表示变压器变压能力的参数是变压器的变比，用 K 表示，变比等于（　　）。

A. 一次绕组与二次绕组之和　　B. 一次绕组与二次绕组匝数之差

C. 二次绕组与一次绕组之比　　D. 一次绕组与二次绕组匝数之比

14. 分子式是用（　　）来表示物质分子组成的式子，一种分子只有一个分子式。

A. 物质符号　　B. 元素符号　　C. 分子符号　　D. 电子符号

15. 利用某些熔点低于母材熔点的金属材料，将焊件与钎料加热到高于钎料熔点但低于母材熔点的温度，利用液态钎料润湿母材，（　　）实现连接焊件的方法称为钎焊。

A. 熔化接头间隙并与母材相互扩散

B. 熔化接头间隙并与母材相互溶解

C. 填充接头间隙并与母材相互化合

D. 填充接头间隙并与母材相互扩散

16. 触电事故是电焊操作的主要危险，因为电焊设备的空载电压一般都（　　）。

A. 低于安全电压　　B. 超过安全电压

C. 等于安全电压　　D. 超过网络电压

17. 焊接烟尘不同于一般机械性粉尘，其特点之一是烟尘粒子小，带静电，温度高而使其(　　)。

A. 黏性小　B. 黏性大　C. 磁性大　D. 质量大

18. 采取通风措施，降低工人呼吸带空气中的(　　)及有害气体浓度，这对保护作业工人的健康是极其重要的。

A. 水分　B. CO_2　C. 烟尘　D. 氧含量

19. 局部通风所需风量小，烟气刚散出来就被排风罩有效地吸出，因此烟气(　　)作业者呼吸带，也不影响周围环境，通风效果好。

A. 可经过　B. 部分经过　C. 不经过　D. 反复经过

20. 在未适当保护下的眼睛或防护眼睛不当，长期慢性小剂量暴露于红外线，也可能发生调视机能减退，发生早期(　　)，对工作造成不利影响。

A. 近视　B. 畏光　C. 流泪　D. 花眼

21. 气焊有色金属时，有时会产生(　　)、锌等有毒气体。

A. 硅　B. 钼　C. 铅　D. 镍

22. 国家标准规定工业企业的噪声最高不能超过(　　)dB。

A. 105　B. 100　C. 95　D. 90

23. 焊接场地应保持必要的通道，车辆通道宽度应不小于(　　)m。

A. 2　B. 3　C. 4　D. 5

24. 使用行灯照明时，其电压不应超过(　　)V。

A. 12　B. 24　C. 30　D. 36

25. 焊条直径为ϕ2.5mm时，其长度为(　　)mm。

A. 200～250　B. 250～350　C. 300～400　D. 400～500

26. 碳钢焊条型号中第三位数字表示焊条的焊接位置，如(　　)表示适用于全位置焊。

A. 0及2　B. 1及2　C. 0及1　D. 2及4

27. 碳钢焊条牌号中第三位数字表示(　　)。

A. 焊接位置　B. 药皮类型

C. 电流种类和药皮类型　D. 焊接位置和药皮类型

28. 储存焊条必须垫高，与地面和墙壁的距离均应大于(　　)，使得上下左右空气流通以防受潮变质。

A. 0.8m　B. 0.6m　C. 0.5m　D. 0.3m

29. 开坡口是为了保证电弧能深入焊缝根部使根部焊透，以及(　　)，获得较好的焊缝成形。

A. 使熔渣凝固快　B. 使熔渣易流动

C. 便于清除熔渣　D. 使熔渣覆盖紧密

30. 埋弧焊，气体保护焊时，应将坡口表面及两侧(　　)mm 范围内污物清理干净。

A. 5　　B. 10　　C. 15　　D. 20

31. 焊缝符号中，指引线是由带箭头的指引线和(　　)两部分组成的。

A. 两条实线　　B. 两条虚线　　C. 两条基准线　　D. 一条基准线

32. 在焊缝尺寸符号中，焊脚尺寸用符号(　　)来表示。

A. H　　B. R　　C. δ　　D. k

33. 弧焊电源的动特性是用来表示弧焊电源对负载(　　)的快速反应能力。

A. 定时的　　B. 短时的　　C. 长时的　　D. 瞬变的

34. 所谓调节焊接电流，实际上就是调节电源的外特性，使之与(　　)，而获得不同的焊接电流。

A. 电弧静特性有相同交点　　B. 电弧静特性有两个交点

C. 电弧静特性有不同的交点　　D. 电弧动特性有不同的交点

35. 动铁式弧焊变压器通过手柄使活动铁心向里移动时，(　　)。

A. 漏磁增大，电流增大　　B. 漏磁不变，电流增加

C. 漏磁减小，电流增大　　D. 漏磁增大，电流减小

36. 动圈式弧焊变压器电流的细调是通过手柄改变一次线圈、二次线圈间的距离来实现的(　　)。

A. 距离变化电流不变　　B. 距离越小电流越小

C. 距离越大电流越大　　D. 距离越大电流越小

37. 焊条电弧焊是(　　)进行焊接的电弧焊方法。

A. 机器操作焊条　　B. 机器操作焊丝

C. 手工操作焊条　　D. 手工操作焊丝

38. 焊条电弧焊在气渣联合保护下，通过高温下熔化金属与(　　)的冶金反应，还原和净化金属得到优质的焊缝。

A. 气体间　　B. 熔渣间　　C. 熔剂间　　D. 钎剂间

39. 焊条电弧焊与气焊相比，其(　　)，接头性能好。

A. 金相组织粗，热影响区大小相同　　B. 金相组织粗，热影响区小

C. 金相组织细，热影响区小　　D. 金相组织细，热影响区大

40. 焊接电弧中三个区域的温度是不均匀的，阴极区和阳极区温度主要取决于电极材料，且(　　)。

A. 略高于材料的熔点　　B. 略低于材料的熔点

C. 低于材料的沸点　　D. 高于材料的沸点

41. 钨极氩弧焊时，阳极温度比阴极温度高，这是由于钨极发射电子能力较强，在较低的温度下，就能满足(　　)的要求。

A. 发射离子　　B. 接收电子　　C. 发射质子　　D. 发射电子

42. 埋弧自动焊时，阴极温度比阳极温度高，这是由于 CaF_2 中的 F 易形成负离子，要求阴极具备更强的电子发射能力，同时负离子在阴极区与(　　)所致。

A. 正离子中和时吸收大量热量　　B. 电子中和时放出大量热量

C. 电子中和时吸收大量热量　　D. 正离子中和时放出大量热量

43. 在电极材料、气体介质和弧长一定的情况下，电弧稳定燃烧时，焊接电流与电弧电压变化的关系，称为(　　)。

A. 电弧动特性　　B. 电弧外特性

C. 电弧调节特性　　D. 电弧静特性

44. 电弧静特性的上升段只有在(　　)中才会出现。

A. 大电流密度埋弧焊、焊条电弧焊

B. 大电流密度埋弧焊、钨极氩弧焊

C. 大电流密度埋弧焊

D. 大电流密度埋弧焊、细丝熔化极气体保护焊

45. 造成焊接电弧产生偏吹的原因不包括(　　)。

A. 焊条偏心度过大　　B. 交流焊时的磁偏吹

C. 直流焊时的磁偏吹　　D. 电弧周围气流的干扰

46. 造成电弧产生磁偏吹的主要原因中不包括(　　)。

A. 电弧周围有铁磁物质存在　　B. 极性的接法不对

C. 接地线位置不正确　　D. 焊条与焊件位置不对称

47. 选择焊条直径的大小要考虑的因素中不包括(　　)。

A. 接头形式　　B. 被焊材料的厚度

C. 焊接位置　　D. 电弧电压

48. 焊条电弧焊横焊、仰焊时选用的焊条最大直径不超过(　　)mm。

A. 2　　B. 2.5　　C. 3.2　　D. 4

49. 焊条电弧焊选择焊接电流时，主要考虑的因素中不包括(　　)。

A. 焊接位置　　B. 焊道层次　　C. 焊条直径　　D. 环境湿度

50. 定位焊时容易产生未焊透缺陷，故焊接电流应比正式焊接时(　　)。

A. 尽量减小　　B. 低10%～15%　　C. 高10%～15%　　D. 高一倍

51. 液化石油气在气态时是一种(　　)，比空气重。

A. 略带臭味的无色气体　　B. 略带臭味的白色气体

C. 无臭味的有色气体　　D. 略带香味的无色气体

52. 液化石油气燃烧后火焰温度可达(　　)，比乙炔火焰温度低，故气割时预热时间要长。

A. 2300℃～2500℃　　B. 2500℃～2700℃

C. 2800℃～2850℃　　D. 2900℃～3000℃

53. 氧乙炔焰中，当氧与乙炔的比值(　　)时的火焰称为碳化焰，其火焰温度为2700℃～3000℃。

A. 小于1　　B. 大于1　　C. 小于1.1　　D. 大于1.1

54. 碳化焰整个火焰(　　)，焰心较长呈白色，外围略带蓝色，内焰是蓝色，外焰呈橙黄色，乙炔(　　)。

A. 过多时还会冒白烟　　B. 过少时还会冒黑烟

C. 过少时还会冒白烟　　D. 过多时还会冒黑烟

55. 氧乙炔焰的温度与(　　)，随着氧气比例增加，火焰温度增高。

A. 混合气体的成分有关　　B. 混合气体的杂质有关

C. 混合气体的混合方式有关　　D. 混合气体的成分无关

56. 氧乙炔焰的温度沿长度和横方向上都有变化，沿火焰(　　)越向边缘温度越低。

A. 轴线的温度较高　　B. 轴线的温度较低

C. 轴线的温度无变化　　D. 轴线的温度相同

57. 低碳钢和低合金钢的气焊火焰应选用(　　)。

A. 中性焰　　B. 碳化焰　　C. 氧化焰　　D. 轻微氧化焰

58. 气焊时由于填充金属的焊丝与热源分离，所以焊工能够控制热输入量、焊接区温度、(　　)及熔池黏度。

A. 焊缝的组织和成分　　B. 焊缝的成分和形状

C. 焊缝的尺寸和形状　　D. 焊缝的尺寸和成分

59. 气割的基本原理是利用气体火焰将金属预热到燃点后，(　　)，并随着割炬的移动而形成切口。

A. 预热—熔化—吹渣过程连续进行

B. 预热—熔化—吹渣过程间断进行

C. 预热—燃烧—吹渣过程间断进行

D. 预热—燃烧—吹渣过程连续进行

60. 由于气割效率高、成本低、设备简单，并(　　)进行切割和在钢板上切割各种外形复杂的零件，因此广泛用于钢板下料，焊件开坡口等方面。

A. 能在各种位置上　　B. 只能在平焊位

C. 只能在立焊位　　D. 只能在平、仰焊位

61. 液化石油气瓶工业上目前常采用的规格为(　　)kg，气瓶最大工作压力为1.6MPa，瓶外表面涂银灰色漆。

A. 30　　B. 20　　C. 15　　D. 10

62. 在(　　)的气焊时，采用牌号为CJ301的熔剂。

A. 低碳钢　　B. 铜及铜合金　　C. 铝及铝合金　　D. 耐热钢

63. 气焊时焊丝倾角是指在焊接过程中，焊丝与工件表面之间的夹角，一般这个倾角为(　　)，而焊丝相对焊嘴的夹角为90°～100°。

A. 20°～30°　　B. 30°～40°　　C. 40°～50°　　D. 50°～60°

64. 气割时割嘴的倾角大小主要根据割件厚度而定，当割件厚度＞30mm时，在起割时采用前倾5°～10°，割穿后应采用(　　)，而到停割时应采用后倾5°～10°。

A. 前倾10°～15°　　B. 后倾10°～15°

C. 垂直方向　　D. 后倾5°～10°

65. 气割时割嘴离割件表面的距离根据预热火焰的长度及割件厚度而定，一般为(　　)。

A. 2～3mm　　B. 3～5mm　　C. 5～7mm　　D. 7～10mm

66. 氧气瓶内的气体不能全部用尽，应留有(　　)的余压。

A. 0.05～0.1MPa　　B. 0.05～0.15MPa

C. 0.1～0.3MPa　　D. 0.3～0.4MPa

67. 乙炔气瓶一般应在(　　)以下使用，当环境温度超过此温度时，应采取有效的降温措施。

A. 50℃　　B. 45℃　　C. 35℃　　D. 40℃

68. 气瓶瓶阀发生冻结现象时，可用(　　)热水解冻，严禁火烤。

A. 100℃　　B. 80℃　　C. 60℃　　D. 40℃

69. 气焊、气割时用的胶管长度一般以(　　)为宜，过长会增加气体流动的阻力。

A. 5～10m　　B. 10～15m　　C. 15～20m　　D. 20～25m

70. 炭弧气刨的特点中不包括(　　)。

A. 操作人员技术要求不高　　B. 生产效率高

C. 使用方便灵活　　D. 可切割不锈钢厚板

71. 钳式侧面送风刨枪使用时炭棒的伸出长度(　　)并能夹持不同直径和形状的炭棒。

A. 是分级调节　　B. 调节不方便

C. 调节方便　　D. 固定不可调

72. 炭弧气刨一般情况下多采用镀(　　)的炭精棒，镀层厚度为0.3～0.4mm。

A. 铜　　B. 铅　　C. 锡　　D. 镍

73. 气刨时，炭棒的直径是根据被刨削的金属板厚来决定的，对厚度12～15mm的钢板，炭棒直径一般选(　　)mm。

A. 5～6　　B. 6～8　　C. 8～10　　D. 10

74. 气刨时炭棒直径的大小与所要求的刨槽宽度有关，一般炭棒直径比所要求的槽宽小约(　　)mm。

A. 2　　B. 3　　C. 4　　D. 5

75. 炭弧气刨电流过大时(　　)正常电流下炭棒发红长度为25mm。

A. 炭棒头易发红，镀铜层不易脱落

B. 炭棒头不易发红，镀铜层易脱落

C. 炭棒头易发红，镀铜层易脱落

D. 炭棒头不易发红，镀铜层不易脱落

76. 气刨时伸出长度越长钳口离电弧越远，压缩空气吹到(　　)，不能将熔化金属吹掉。

A. 熔池的吹力很大　　B. 熔池的吹力会增加

C. 熔池的吹力就不足　　D. 熔池的吹力没有变化

77. 炭弧气刨操作时，当炭棒烧损(　　)mm后，就要调整伸出长度。

A. 45～50　　B. 35～40　　C. 20～30　　D. 10～15

78. 焊口检测尺是一种(　　)检测工具。

A. 常用的焊缝外观尺寸　　B. 常用的焊缝内部尺寸

C. 基本不用的焊缝外观尺寸　　D. 不常用的焊缝外观尺寸

79. 产品结构的焊缝表面存在裂纹、气孔，收弧处大于0.5mm深的气孔，深度(　　)的咬边，均应进行返修。

A. 大于0.4mm　　B. 小于0.4mm

C. 大于0.5mm　　D. 小于0.5mm

80.《蒸汽锅炉安全技术监察规程》规定：蒸汽锅炉同一位置上返修不应超过(　　)次。

A. 1　　B. 2　　C. 3　　D. 4

二、判断题(第81题～第100题。将判断结果填入括号中。正确的填"√"，错误的填"×"。每题1分，满分20分。)

81.(　　)降低价格是企业在市场经济中赖以生存的依据。

82.(　　)焊工要自觉遵守劳动纪律安全操作规程等有关制度和纪律。

83.(　　)在生产中焊工对焊工工艺文件可根据实际情况灵活执行。

84.(　　)优质碳素结构钢的牌号采用两位阿拉伯数字和规定符号(脱氧方法)表示，阿拉伯数字表示铁的质量分数的平均值(以万分之几计)。

85.(　　)电流强度是在单位时间内通过导体纵截面的电量简称为电流。

86.(　　)凡电流的方向变化而大小不随时间变化称为脉动直流电流。

87.(　　)原子是由居于中心的带正电的原子核和核内带负电的电子构成的，原子本身呈中性。

88.(　　)中子是构成原子的一种化学变化中最小的微粒，和质子一起构成原子。

89.(　　)钢材在剪切过程中受剪刀的挤压产生弯曲变形和剪切变形，在切口附近会产生冷作硬化现象，硬化区宽度一般在 1.5～3.5mm。

90.(　　)焊接即通过加热或加压或两者并用，并且必须用填充材料，使工件达到结合的一种加工工艺方法。

91.(　　)焊前应检查焊割场地周围 15m 范围内，各类可燃易爆物品是否清理干净。

92.(　　)酸性焊条的另一缺点是抗气孔性能不好，主要是酸性焊条药皮氧化性强，使合金元素烧损较多。

93.(　　)在焊缝符号中，焊缝尺寸符号是只表示坡口尺寸的符号。

94.(　　)弧焊电源型号的小类名称中，“X”表示下降特性，“P”表示多特性。

95.(　　)焊接电弧是否顺利引燃，与焊接电流强度、电弧中的电离物质、电源容量的大小有关。

96.(　　)在阴极斑点中，电子在电场和热的作用下，得到足够的能量而逸出，所以它是一次电子发射的发源地，也是阴极区温度最高的地方。

97.(　　)厚板对接接头的打底焊最好采用直径不超过 5mm 的焊条，否则不易得到良好的焊透和背面成形。

98.(　　)射吸式焊炬工作原理是氧气由氧气通道进入喷射管，再从直径较大的喷嘴喷出，并吸出聚集在喷嘴周围的高压乙炔。这样氧和乙炔就按一定比例混合，并以一定的流速经混合气通道从焊嘴喷出。

99.(　　)焊缝常见的外部缺陷有焊缝尺寸不符合要求、咬边、错边、层间未熔合、层间夹渣、烧穿、弧坑等。

100.(　　)咬边是一种危险的缺陷，不但减少了焊缝金属的有效面积，而且在咬边处还会造成应力集中。

职业技能鉴定国家题库
焊工初级理论知识模拟试卷答案

一、单项选择(第1题～第80题。选择一个正确的答案,将相应的字母填入题内的括号中。每题1分,满分80分。)

1. A	2. B	3. C	4. A	5. A	6. B	7. B	8. D
9. D	10. C	11. D	12. D	13. D	14. B	15. D	16. B
17. B	18. C	19. C	20. D	21. C	22. D	23. B	24. D
25. B	26. C	27. C	28. D	29. C	30. D	31. C	32. D
33. D	34. C	35. D	36. D	37. C	38. B	39. C	40. C
41. D	42. D	43. D	44. D	45. B	46. B	47. D	48. D
49. D	50. C	51. A	52. C	53. A	54. D	55. A	56. A
57. A	58. C	59. D	60. A	61. A	62. B	63. B	64. C
65. B	66. C	67. D	68. D	69. B	70. D	71. C	72. A
73. C	74. A	75. C	76. C	77. C	78. A	79. C	80. C

二、判断题(第81题～第100题。将判断结果填入括号中。正确的填"√",错误的填"×"。每题1分,满分20分。)

81. ×	82. √	83. ×	84. ×	85. ×	86. ×	87. ×
88. ×	89. ×	90. ×	91. ×	92. ×	93. ×	94. ×
95. ×	96. √	97. ×	98. ×	99. ×	100. ×	

附录 2

焊工国家职业技能标准（节选）
（2009 年修订）

1. 职 业 概 括

1.1 职业名称

焊工。

1.2 职业定义

操作焊接和气割设备，进行金属工件的焊接或切割成形的人员（焊工包括手工焊工和焊接操作工。手工焊工是指用手操持焊钳、焊枪、焊炬进行焊接的人员；焊接操作工是指从事机械化焊接和自动化焊接的操作人员）。

1.3 职业等级

本职业共设五个等级，分别为：初级（国家职业资格五级）、中级（国家职业资格四级）、高级（国家职业资格三级）、技师（国家职业资格二级）、高级技师（国家职业资格一级）。

1.4 职业环境

室内、外及高空作业且大部分在常温下工作（个别地区除外），施工中会产生一定的光辐射、烟尘、有害气体和环境噪声。

1.5 职业能力特征

具有一定的学习理解和表达能力；手指、手臂灵活，动作协调；视力良好，具有分辨颜色色调和浓淡的能力。

1.6 基本文化程度

初中毕业。

1.7 鉴定要求

1.7.1 适用对象

从事或准备从事本职业的人员。

1.7.2 申报条件

初级（具备以下条件之一者）

①经本职业初级正规培训达规定标准学时数，并取得结业证书。

②在本职业连续见习工作 2 年以上。

③本职业学徒期满。

中级（具备以下条件之一者）

①取得本职业初级职业资格证书后，连续从事本职业工作 3 年以上，经本职

业中级正规培训达规定标准学时数,并取得结业证书。

②取得本职业初级职业资格证书后,连续从事本职业工作5年以上。

③连续从事本职业工作7年以上。

④取得经人力资源和社会保障行政部门审核认定的、以中级技能为培养目标的中等以上职业学校本职业(专业)毕业证书。

1.7.3 鉴定方式

分为理论知识考试和技能操作考核。理论知识考试采取闭卷笔试等方式,技能操作考核采取现场实际操作、模拟和口试等方式。理论知识考试和技能操作考核均实行百分制,成绩皆达60分以上者为合格。技师和高级技师还须进行综合评审。

1.7.4 鉴定时间

理论知识考试时间为60～120min;技能操作考核时间:初级不少于60min,中级不少于90min,高级不少于120min,技师不少于90min,高级技师不少于60min;综合评审时间为20～40min。

2. 基本要求

2.1 职业道德

2.1.1 职业道德的基本知识

2.1.2 职业守则

①遵守法律、法规和有关规定。

②爱岗敬业,忠于职守,自觉认真履行各项职责。

③工作认真负责,严于律己,吃苦耐劳。

④刻苦学习,钻研业务,努力提高思想和科学文化素质。

⑤谦虚谨慎,团结协作,主协配合。

⑥严格执行工艺文件,保证质量。

⑦ 重视安全、环保,坚持文明生产。

2.2 基础知识

2.2.1 识图知识

①制图常识。

②投影的基本原理。

③常用零部件的画法及代号标注。

④简单装配图的识读知识。

⑤焊接装配图的识读知识。

⑥焊缝符号和焊接方法代号的表示方法。

2.2.2 化学基本知识

①化学元素符号。

②原子结构。

③离子。

④分子。

⑤化学反应。

2.2.3 常用金属材料与金属热处理知识

①常用金属材料的物理、化学和力学性能。

②碳素结构钢、合金钢、铸铁、有色金属的分类、成分、性能和用途。

③金属晶体结构的一般知识。

④合金的组织结构及铁碳合金的基本组织。

⑤Fe-C相图及应用。

⑥钢的热处理知识。

2.2.4 焊接基础知识

①焊接方法的分类。

②常用焊接方法的基本原理。

③焊接工艺技术要领。

④焊接接头种类、坡口形式及坡口尺寸。

⑤焊接变形及反变形的相关知识。

⑥焊接缺陷的分类、定义、形成原因及防止措施。

⑦焊缝外观质量的检验与验收。

⑧无损检测方法、特点及选用，以及法规、标准中有关无损检测方面的规定。

⑨焊接工艺文件。

⑩焊接生产安全与卫生。

2.2.5 焊接材料知识

①药皮的作用及类型，焊条的分类、使用及保管要求。

②焊剂的作用、分类和保管。

③焊丝的分类与选用。

④焊接气体与选用。

⑤焊接材料的选用原则。

2.2.6 电工基本知识

①直流电与电磁的基本知识。

②交流电基本概念。

③变压器的结构和基本工作原理。

④电流表和电压表的使用方法。

2.2.7 电焊机基本知识

①电焊机的基本原理。

②电焊机的种类及型号。

③电焊机的铭牌号。

④电焊机的选择、应用和日常维护常识。

2.2.8 冷加工基础知识

①钳工基础知识。

②钣金工基础知识。

2.2.9 安全卫生和环境保护知识

①安全用电知识。

②焊接环境保护及安全操作规程。

③焊接劳动保护知识。

2.2.10 质量管理知识

①质量管理的内容。

②质量管理的基本方法。

2.2.11 相关法律、法规知识

①《中华人民共和国劳动法》相关知识。

②《中华人民共和国合同法》相关知识。

③《中华人民共和国消费者权益保护法》相关知识。

④《特种作业人员安全技术培训考核管理办法》相关知识。

⑤《锅炉压力容器压力管道焊工考试与管理规则》相关知识。

⑥其他相关法规知识。

3. 工作要求

本标准对初级、中级、高级、技师和高级技师的技能要求依次递进,高级别涵盖低级别的要求。

3.1 初级(职业功能任选其一项进行考核)

职业功能	工作要求	技能要求	相关知识
一、焊条电弧焊	(一)厚度 $\delta=8\sim12$mm 低碳钢板或低合金钢板角接接头和T形接头焊接	1. 能根据焊接工艺文件的要求进行钢板角接接头或T形接头焊接所用设备、工具、夹具的安全检查。 2. 能进行钢板角接接头或T形接头坡口清理、组对及定位焊。 3. 能进行角接接头或T形接头焊条电弧焊的引弧、运条、收弧、焊接操作。	1. 角接接头和T形接头焊条电弧焊引弧、收弧和焊接操作方法及钢板试件定位焊的工艺要领。 2. 焊条电弧焊安全操作规程。 3. 焊接所用工具、夹具安全检查方法。 4. 角接接头和T形接头焊接变形的基本知识。

续表

职业功能	工作要求	技能要求	相关知识
一、焊条电弧焊	(一)厚度 $\delta=8\sim12$mm 低碳钢板或低合金钢板角接接头和T形接头焊接	4. 能焊接符合焊接工艺文件要求的角焊缝。 5. 能根据工艺文件对角接接头或T形接头焊缝外观质量进行自检	5. 角接接头和T形接头焊条电弧焊焊接参数的选择。 6. 角接接头和T形接头焊缝表面缺陷。 7. 角接接头和T形接头焊条电弧焊基本操作方法。 8. 角接接头和T形接头焊条电弧焊焊接参数对焊缝成形的影响
	(二)厚度 $\delta\geqslant6$mm 的低碳钢板或低合金钢板对接平焊	1. 能进行钢板对接平焊焊接所用设备、工具、夹具的安全检查。 2. 能进行钢板对接平焊坡口的清理、组对及定位焊。 3. 能预留焊件的反变形。 4. 能根据焊接工艺文件选择钢板对接平焊焊条电弧焊的工艺参数。 5. 能根据焊接工艺文件要求确定钢板对接平焊打底焊道及其他焊道的运条方式完成焊接。 6. 能根据工艺文件对对接平焊焊缝外观质量进行自检	1. 钢板对接平焊焊条电弧焊引弧、收弧、焊接操作和定位焊的相关知识。 2. 钢板对接平焊焊条电弧焊所用工具、夹具安全检查方法。 3. 钢板对接平焊焊接变形的基本知识。 4. 钢板对接平焊焊条电弧焊焊接参数的选择。 5. 钢板对接平焊焊缝表面缺陷的基本知识。 6. 钢板对接平焊焊条电弧焊的基本操作方法
	(三)管径 $\phi\geqslant60$mm 的低碳钢管水平转动对接焊	1. 能进行管径 $\phi\geqslant60$mm 的低碳钢管水平转动对接焊所用设备、工具、夹具的安全检查。 2. 能进行管径 $\phi\geqslant60$mm 的低碳钢管坡口的清理、组对和定位焊。 3. 能根据焊接工艺文件选择中径低碳钢管水平转动对接焊工艺参数。 4. 能根据焊接工艺文件要求确定 $\phi\geqslant60$mm 的低碳钢管水平转动对接焊打底焊道及其他焊道的运条方式完成焊接。 5. 能根据工艺文件对 $\phi\geqslant60$mm 的低碳钢管的水平转动对接焊焊缝外观质量进行自检	1. 低碳钢管的水平转动对接焊条电弧焊引弧、收弧、焊接操作和定位焊的工艺要领。 2. 低碳钢管的水平转动对接焊条电弧焊所用设备、工具、夹具的安全检查方法。 3. 低碳钢管的水平转动对接焊焊接变形的基本知识。 4. 低碳钢管的水平转动对接焊条电弧焊焊接参数的选择。 5. 焊缝表面缺陷的基本知识。 6. 低碳钢管的水平转动对接焊条电弧焊的基本操作方法

续表

职业功能	工作要求	技能要求	相关知识
二、熔化极气体保护焊	(一)低碳钢板或低合金钢板的角接和T形接头熔化极气体保护焊	1. 能进行钢板角接或T形接头熔化极气体保护焊所用设备、工具、夹具的安全检查。 2. 能进行钢板角接或T形接头熔化极气体保护焊焊件的清理、组对及定位焊。 3. 能选择符合钢板角接或T形接头焊接工艺要求的焊接材料。 4. 能进行钢板角接或T形接头熔化极气体保护焊的引弧、收弧、送丝。 5. 能焊出符合钢板角接或T形接头焊接工艺文件要求的角焊缝。 6. 能根据工艺文件对钢板角接或T形接头熔化极气体保护焊焊缝的外观质量进行自检	1. 角接和T形接头熔化极气体保护焊所用工具、夹具安全检查方法。 2. 熔化极气体保护焊安全操作规程。 3. 角接和T形接头熔化极气体保护焊工艺。 4. 角接和T形接头熔化极气体保护焊引弧、收弧、送丝和定位焊。 5. 角接和T形接头熔化极气体保护焊的焊枪摆动方式。 6. 角接和T形接头熔化极气体保护焊焊接参数对焊缝成形的影响
	(二)低碳钢板或低合金钢板平位对接的熔化极气体保护焊(双面焊或背部加衬垫)	1. 能进行钢板平位对接熔化极气体保护焊所用设备、工具、夹具的安全检查。 2. 能进行钢板平位对接熔化极气体保护焊焊件的清理、组对及定位焊。 3. 能在钢板平位对接熔化极气体保护焊焊前预留焊件的反变形。 4. 能选择符合钢板平位对接熔化极气体保护焊工艺要求的焊接材料。 5. 能进行钢板平位对接熔化极气体保护焊的引弧、收弧、焊接。 6. 能根据工艺文件对钢板平位对接熔化极气体保护焊焊缝外观质量进行自检	1. 钢板平位对接熔化极气体保护焊所用工具、夹具安全检查方法。 2. 钢板平位对接熔化极气体保护焊工艺。 3. 钢板平位对接熔化极气体保护焊引弧、收弧、送丝和定位焊的操作要领。 4. 钢板平位对接熔化极气体保护焊的焊枪摆动方式和送丝速度。 5. 钢板平位对接熔化极气体保护焊焊接参数对焊缝成形的影响。 6. 熔化极气体保护焊用焊接衬垫的种类及作用。 7. 钢板平位对接熔化极气体保护焊焊接变形的基本知识。 8. 钢板平位对接熔化极气体保护焊焊缝表面缺陷的基本知识

续表

职业功能	工作要求	技能要求	相关知识
三、非熔化极气体保护焊	(一)低碳钢或不锈钢板厚度$\delta<6$mm平位对接手工钨极氩弧焊	1. 能进行低碳钢或不锈钢板厚度$\delta<6$mm平位对接手工钨极氩弧焊所用设备、工具、夹具的安全检查。 2. 能选择符合低碳钢或不锈钢板厚度$\delta<6$mm平位对接手工钨极氩弧焊工艺要求的工艺参数。 3. 能进行低碳钢或不锈钢板厚度$\delta<6$mm平位对接手工钨极氩弧焊焊件的清理、组对和定位焊。 4. 能在低碳钢或不锈钢板厚度$\delta<6$mm平位对接手工钨极氩弧焊前预留焊件的反变形。 5. 能进行低碳钢或不锈钢板厚度$\delta<6$mm平位对接手工钨极氩弧焊引弧、焊接、收弧操作。 6. 能根据焊接工艺文件进行低碳钢板厚度$\delta<6$mm平位对接手工钨极氩弧焊的打底焊及其他焊道的焊接。 7. 能根据焊接工艺文件要求进行低碳钢板厚度$\delta<6$mm平位对接手工钨极氩弧焊焊缝外观质量的自检	1. 低碳钢或不锈钢板厚度$\delta<6$mm平位对接手工钨极氩弧焊所用设备、工具、夹具安全检查方法。 2. 手工钨极氩弧焊安全操作规程。 3. 低碳钢或不锈钢板厚度$\delta<6$mm平位对接手工钨极氩弧焊工艺参数的选择。 4. 低碳钢或不锈钢板厚度$\delta<6$mm平位对接手工钨极氩弧焊操作要领。 5. 低碳钢板厚度$\delta<6$mm平位对接手工钨极氩弧焊焊接变形的基本知识。 6. 低碳钢或不锈钢板厚度$\delta<6$mm平位对接手工钨极氩弧焊焊缝容易出现的外观缺陷及其消除措施
	(二)管径$\phi<60$mm低碳钢管对接水平转动手工钨极氩弧焊	1. 能进行管径$\phi<60$mm低碳钢管对接水平转动手工钨极氩弧焊所用设备、工具、夹具的安全检查。 2. 能根据焊接工艺文件选择符合管径$\phi<60$mm低碳钢管对接水平转动手工钨极氩弧焊工艺要求的工艺参数	1. 管径$\phi<60$mm低碳钢管对接水平转动手工钨极氩弧焊所用设备、工具、夹具的安全检查方法。 2. 管径$\phi<60$mm低碳钢管对接水平转动手工钨极氩弧焊工艺参数的选择

续表

职业功能	工作要求	技能要求	相关知识
三、非熔化极气体保护焊	(二)管径 $\phi<60$mm 低碳钢管对接水平转动手工钨极氩弧焊	3. 能进行管径 $\phi<60$mm 低碳钢管对接水平转动手工钨极氩弧焊焊件的清理、组对和定位焊。 4. 能根据焊接工艺文件进行管径 $\phi<60$mm 低碳钢管对接水平转动手工钨极氩弧焊的打底焊及其他焊道的焊接。 5. 能根据焊接工艺文件要求对管径 $\phi<60$mm 低碳钢管对接水平转动手工钨极氩弧焊焊缝外观质量进行自检	3. 管径 $\phi<60$mm 低碳钢管对接水平转动手工钨极氩弧焊引弧、焊枪摆动、填丝的操作要领。 4. 管径 $\phi<60$mm 低碳钢管对接水平转动手工钨极氩弧焊焊缝容易出现的外观缺陷及其消除措施
四、气焊	(一)管径 $\phi<60$mm 低碳钢管的对接水平转动和垂直固定气焊	1. 能进行管径 $\phi<60$mm 低碳钢管气焊所用设备、工具、夹具的安全检查。 2. 能进行焊件及焊丝的清理。 3. 能调整可燃气体和助燃气体的比值,将火焰类别调整到适应被焊材料。 4. 能根据工件厚度和焊接位置确定坡口尺寸和接头间隙。 5. 能确定定位焊焊点的位置,并能进行定位焊。 6. 能根据焊接工艺文件的要求选择工艺参数,起焊、焊接和焊接收尾。 7. 能根据焊接工艺文件要求对管径 $\phi<60$mm 低碳钢管的对接气焊焊缝外观质量进行自检	1. 管径 $\phi<60$mm 低碳钢管对接气焊安全操作规程。 2. 气焊可燃气体、助燃气体和填充焊接材料。 3. 气焊的设备和工具。 4. 管径 $\phi<60$mm 低碳钢管对接水平转动和垂直固定气焊工艺。 5. 管径 $\phi<60$mm 低碳钢管对接水平转动和垂直固定气焊的操作技术要领
	(二)小直径 I 级钢筋的气压焊	1. 能进行小直径 I 级钢筋的气压焊所用设备、工具、夹具的安全检查。 2. 能根据钢筋的材质选择火焰类别。 3. 能将钢筋端面切平,并与钢筋轴线垂直	1. 钢筋气压焊安全操作规程。 2. 钢筋气压焊的设备和工具。 3. 钢筋气压焊设备和工具的使用安全技术

续表

职业功能	工作要求	技能要求	相关知识
四、气焊	(二)小直径Ⅰ级钢筋的气压焊	4. 能进行钢筋的焊前清理。 5. 能将钢筋装于焊接夹具，对钢筋加热、加压成形。 6. 能根据焊接工艺文件要求对钢筋气压焊焊缝外观质量进行自检	4. 钢筋气压焊用气体。 5. 钢筋气压焊工艺。 6. 钢筋气压焊的操作技术要领
五、切割	(一)低碳钢板的手工气割	1. 能进行气割所用设备、工具、夹具的安全检查。 2. 能连接氧气瓶、乙炔瓶、氧气压力阀、乙炔减压阀、割炬、割嘴、氧气胶管、乙炔胶管。 3. 能清理待割件表面的油、锈，并画线。 4. 能调整火焰为中性焰或轻微的氧化焰。 5. 能调节切割气压力。 6. 能在钢板上进行手工直线切割或手工切割出直线组合形状的部件。 7. 能对手工气割切口质量进行自检	1. 气割安全操作规程。 2. 低碳钢板的气割原理及其应用范围。 3. 气割设备、工具及材料。 4. 气割火焰的种类和特点。 5. 影响低碳钢板手工气割切口表面质量的因素。 6. 气割的操作技术。 7. 气割设备使用中的安全注意事项
	(二)低碳钢板或低合金钢板的手工炭弧气刨	1. 能进行炭弧气刨所用设备、工具、夹具的安全检查。 2. 能连接及调整炭弧气刨设备。 3. 能根据工艺文件选择炭弧气刨工艺参数。 4. 能用炭弧气刨刨削 U 形坡口，并达到两个工件对接焊接坡口的要求。 5. 能用炭弧气刨清除焊缝缺陷	1. 炭弧气刨安全操作规程。 2. 炭弧气刨的工作原理及其应用范围。 3. 炭弧气刨设备及工具。 4. 常用金属材料的炭弧气刨工艺。 5. 常用金属材料的炭弧气刨操作要领

参 考 文 献

[1] 刘云龙．焊工(初级)[M]．北京：机械工业出版社，2011.

[2] 张依莉．焊接实训[M]．北京：机械工业出版社，2013.

[3] 王若愚．焊接技能训练(初级工)[M]．北京：高等教育出版社，2009.

[4] 王军．焊工识图[M]．北京：化学工业出版社，2009.

[5] 机械工业职业教育研究中心．电焊工技能实战训练[M]．北京：机械工业出版社，2004.

[6] 宁文军．焊工技能训练与考级[M]．北京：机械工业出版社，2010.

[7] 雷世明．焊接方法与设备[M]．北京：机械工业出版社，2013.